２つの粒子で世界がわかる

量子力学から見た物質と力

森　弘之　著

ブルーバックス

●カバー装幀／芦澤泰偉・児崎雅淑
●カバー画像／gettyimages
●目次・章扉デザイン／齋藤ひさの（STUDIO BEAT）
●本文図版／さくら工芸社

はじめに

身の回りのものは粒子が集まってできています。私たちの身体もそうですし、空気もそうですね。これらの粒子はとても小さく、肉眼では見ることができません。原子くらいなら何とか現代の技術で画像にすることができますが、それを構成する電子やクオークなどの素粒子になると、目で見るということはあきらめざるをえません。見えないものは当てにならないと思われるかもしれませんが、これらの粒子が数え切れないほど集まって、世界を形成しています。したがって私たちは、この粒子に無関心ではいられません。

これらの粒子は何種類あるか、という問題を考えたことがあるでしょうか。素粒子物理学を少し勉強した方なら、「ああ、素粒子の種類なら知っているよ」と言われるかもしれません。しかしこの質問は、ややあいまいですね。確かに、物質を構成する基本粒子である素粒子が何種類あるかと尋ねているのであれば、現時点で見つかっている素粒子の種類を答えればいいでしょう。しかし、素粒子が集まってできている原子核、原子、分子も、私たちの感覚からすれば、そして物理学の見方からしても、「粒子」と呼べる存在です。小さな粒のような物体は、どれも粒子と呼ぶことができます。それらを含めて何種類あるかといわれれば、それは膨大な数に上ると考えられます。原子の種類すなわち元素だけでも118種類も見つかっているのですから。

ところが、このようなミクロの世界を記述する量子力学という理論によれば、ある見方をするとこのような粒子はいずれも2種類に分けられることがわかっています。世の中の粒子は大別すると2種類なのです。もちろん分類するからには、その基準が問題になります。それは本書の中で順を追って説明することにしましょう。

この2つの種類のそれぞれに、共通の性質があります。たとえば電子やクオークは、この分類によると同じ種類に分けられるので、共通の性質を持ちます。ヘリウムには中性子の数が1つのものや2つのものがありますが（同位体）、これらのヘリウムは、別の種類に分類されます。まったく異なる粒子である電子とクオークは同じ種類とされるのに、同じ元素であるヘリウムは、その中性子の数によって異なる種類とみなされてしまうのです。そしてどちらの種類に分類されるかによって性質が大きく異なるので、この分類はとても重要なのです。

世の中のあらゆる粒子を2種類に分類するのは、たとえば地球上の物体を、生物と無生物に分類するようなものです。私は生物の正しい定義を知りませんが、何らかの基準で分類できるはずです。そして生物と無生物のそれぞれに共通した性質や特徴があるでしょう。だからこそ、「これは生物、あれは無生物」という分類に意味があるのです。

粒子を2種類に分けることについては、物理や化学を専門に勉強した経験をお持ちの方はよくご存じでしょう。ところが、不思議なほどに専門家以外の方々には知られていません。量子力学や相対性理論などは、非専門家向けの本や雑誌で広く紹介されているにもかかわらず、2種類の粒子については、その名称に軽く触れられる程度で、解説を試みている本は数少ないのが現状です。これが本書の執筆を思い立った理由です。

本書では、2種類の粒子について説明をすると同時に、それらの研究の発展に寄与した過去の偉大な物理学者たちの足跡もご紹介します。いずれは最近流行のＡＩが理論物理学を発展させる時代が来るかもしれませんが、生身の人間が新しい理論を掘り当てていく過程は、それ自体がドラマとして興味をそそられるものです。そして実際にこれらの物理学者の多くがノーベル賞を受賞するなど、物理学史においても極めて重要な研究を行ったと評価されています。それほど、2種類への分類と、それぞれの種類が示す共通の性質の解明は、物理学の発展において避けて通ることのできない関門だったのです。

ところで私は、不思議な現象という言葉を使うとき、そもそもなぜ不思議なのかというところから説明するのがとても大切だと感じています。ある現象を見て、私たちはなぜ不思議に思うのでしょう。それは私たちが持っている常識に照らし合わせた結果、その現象が常識から外れているからです。しかしその常識を、無意識のうちに正しいと信じ込んでいるのはなぜでしょう。そこを疑うところから、不思議な現象の本当の不思議さが見えてきます。よく「常識を疑え」といいます。これは常識といえども間違っていることもあるという意味が言外に含まれていますが、ここで私がいっているのはそのことではありません。常識が結果として正しくてもよいのですが、その正しさを闇雲に信じるのではなく、なぜそれが正しいのかということを理解しておくべきだということです。常識を疑っても、結局は間違っていないことがほとんどです。間違っていないからこそ、常識として生き延びてきたともいえます。したがって、疑うこと以上に、常識の根拠を考えることが重要だと思うのです。

たとえばガラスは透明です。ほかのほとんどのものが透明でないため、透明でないことが普通で、透明なガラスは普通ではない気がします。そのためガラスが透明であることに疑問を感じてしまいます。しかし逆に、なぜほとんどの物質は透明ではないのかということに疑問を感じなくてよいのでしょうか。本文でいずれ説明しますが、物質を構成する原子は、とてつもなく小さな原子核とさらに小さな電子からできており、その意味では、物質は隙間だらけのスカスカな状態であり、ほとんど空洞に近いといってもよいでしょう。だとしたら、普通の物質も、向こう側が透けて見えてもおかしくないはずです。つまり、光を通すガラスの方が普通で、ほとんどの物質が光を通さないことの方が不思議にも思えます。

このように、不思議な現象を解明するとき、その基礎となっている私たちの常識は、本当に当然のことなのかという疑問から問い直す必要があります。本書を書く上で、その点にも気を配ったつもりです。

物理学における重要な学問分野として、量子力学や相対性理論は、その名前くらいは目にしたことのある方もいるかもしれません。量子力学は量子論、相対性理論は相対論と呼ばれることもあります。これに加えて、統計力学という分野がありますが、これも非常に重要な分野ですが、あまり一般には馴染みがありません。統計学と間違われることが多いのですが、完全な別物です。

統計力学は、対象となるものがたくさんある場合、それをどのように理論的に扱うかという学問です。たとえば1つの粒子がどのように運動するかは、基本的な物理法則が確定していれば、比較的簡単にわかります。2個の粒子でも何とかなるでしょう。しかし3個なら、10個なら、100個ならどうでしょう。どこかで理論計算ができなくなる限界があるはずです。基本法則はわかっているのに、数が多すぎて全体像がつかめない事態に陥るのです。コンピューターの力を借りるのもひとつの手ですが、それでも扱える粒子の数に限界があります。このような問題を解決するために考え出されたのが、統計力学です。このため、統計力学は本質的に粒子が多数存在する場合に必要になるのです。

なぜ統計力学の話をしたかというと、粒子の分類は、複数の粒子がないとそもそも意味をなさないからです。その理由についても、本書で明らかになります。このことから、粒子の分類は、量子力学だけでなく、統計力学にも絡んできます。たくさんの粒子が関係する量子力学なので、多体量子力学や多体量子論などと呼んだりすることもあります。多体とは、たくさんの対象物があるという意味の業界用語です（これに対し、1つあるいは2つしか対象物がない場合は、1体あるいは2体といいます）。本書は、多体量子力学や量子統計力学（量子力学と統計力学の合体バージョン）に関する本であるということもできます。

そもそも身の回りの物質が粒子でできているというのは、歴史的には自明のことであったわけでなく、その事実を人類が受け入れるまで長い年月を要しました。本書は最初にこの経緯から説明します。

次に、光の研究について紹介します。光は波と考えられたり粒子と考えられたり、歴史上多くの人を悩ませる存在でしたが、実際とても不思議なものであることが明らかになります。それがきっかけとなって、身の回りの粒子に関する概念にも大転換が起こり、量子力学が誕生します。その発見の歴史や、量子力学のエッセンスについてもくわしく説明します。

量子力学の基礎を紹介したところで、本題である粒子の分類を説明します。世の中の粒子を二分する基準とは何か、そしてそれぞれの種類が共通して示す現象（とくに古典的な物理学では理解できないような奇抜な現象）にどのようなものがあるかをお話しする予定です。

数式はほとんど排除しました。数式をいじるのが得意な方にとっては、むしろもどかしいかもしれませんが、ご容赦ください。ただし、粒子の分類の本質を説明するところでは、どうしてもわずかな数式を使わざるをえませんでした。といっても、中学程度の知識で十分なレベルですので、おそらくそこでつまずくことはないでしょう。

これまで類書で明確な説明がほとんど与えられてこなかった2種類の粒子について解説することで、本書が読者の知識の隙間を埋め、みなさんが、さらに量子力学や統計力学のおもしろさを味わいたいという知識欲に駆られることを期待しています。

第4章

量子力学の天才たち 105

フェルミ推定　123

第5章　ボーズ粒子と超流動　127

第6章 フェルミ粒子と超伝導 165

第7章

ミクロな世界から宇宙まで

第1章

この世は粒子でできている

原子の存在が当たり前ではなかった時代

世界は粒子が集まってできています。これは現代では多くの人が知っている事実です。中学校でも原子の存在を習うので、少なくとも日本では義務教育として、物質は原子が集まってできていることを教えているのです。といっても、私たちはそれを頭に知識として蓄えているだけであって、実感として目に見えないような粒子の存在を受け入れているわけではないと思います。普段の生活を送っているかぎりは、空気や水は連続的につながっているような感じがしますし、物質を細かくしていくと、いずれ細かくできない最後の粒子に突き当たるなどということは感覚的にはなかなか理解しがたいことです。そのため、今では当たり前に思われている「世界は粒子が集まってできている」ということを人類が理解するまでには、長い年月を要しました。それはおそらく、みなさんが想像されるよりも長い年月だったと思います。なにしろ、19世紀になっても、原子の存在を下手に主張すると袋叩きにされかねず、原子論者が大手を振って歩けるようになるには20世紀を待たなければならないほどでした。

古代ギリシャには、四元素という考え方がありました。私たちの世界が4つの元素（現在の元素の概念とは異なります）すなわち火、空気、水、土から構成されていると考えられていたのです。元素が集まって物質を構成するというのは、現代の考えに通じるようにも見えますが、物質を粒の集まりと見ているわけではないので、実際の考え方は遠くかけ離れています。

一方、その時代でも、身の回りのものが細かい粒が集まってできていると考える人たちもいました。目の前の物体を細かく刻んでいったら、最終的にどうなるのかという問題は、古代ギリシャの人たちも考えていたのでしょう。そして一部の人は、最終的にこれ以上分割できない粒子に行き着くと信じていたようです。アトム（日本語で原子）という言葉も、古代ギリシャ人哲学者たちが作り出したものです。しかし実験的に原子のような粒子を見つけられるような時代ではありませんから、いくら主張しても証拠がありません。実験結果を根拠にできない時代は、何事も信じるか信じないかはあなた次第、という世の中だったのです。

原子論者のつらい日々

どのようなことであっても、主流の考えをひっくり返すには、多大な時間と労力が必要です。とくに大きなパラダイムシフトを伴うような思考の転換は、容易ではありません。地球が止まっていて天が動いているという天動説から、動いているのは地球の側だとする地動説に転換するのにも、当時の学者たちの大変な苦労がありました。そして物質が原子の集まりだということを人々に納得させるには、地動説以上の苦労が伴ったのです。

しかしそれも無理のないことでしょう。あなたがどこか未開の地に生まれ、なんの教育も受けず、たんに日々を漫然と過ごしているとしたら、それでも地球が丸いということに気づくでしょうか。地球が太陽の周りを回っていると誰かが言ったら、それを信じるでしょうか。空気や水が、粒でできているというとんでもない発想に至るでしょうか。空気や水が粒でできているなら、もっと粉っぽいはずだと反論するのではないでしょうか。原子の存在が当たり前ではなかった時代、当然のことながら人々はそれを容易には受け入れられなかったはずですし、受け入れない人の気持ちもよくわかります。それだけに、その時代において物質が粒でできていると主張するには、説得力のある証拠が何より必要でした。

ドルトンの原子説

原子は目に見えないほどの小さい粒子です。そんな小さな物体の存在を示す証拠は、なかなか出てきませんでした。証拠が見つからないまま、長い長い年月が過ぎていきます。そして時代は19世紀を迎え、イギリス人化学者ジョン・ドルトン（1766〜1844）が原子説を唱えはじめるのです。

ドルトンが原子の存在を強く信じたのには根拠がありました。倍数比例の法則です。この法則は、元素同士の反応が簡単な整数比で発生するというものです。たとえば一酸化炭素と二酸化炭素を比べましょう。どちらも炭素と酸素からできていますが、ある量の炭素に対して二酸化炭素は一酸化炭素の2倍の量の酸素が必要です。

原子や分子の存在を知っていれば、このことは不思議でもなんでもありません。1つの炭素原子に1つの酸素原子がくっつくと一酸化炭素になり、2つの酸素原子がくっつくと二酸化炭素になります。しかし炭素や酸素が連続的な物体だとしたら、どうでしょう。0・38酸化炭素や、1・102酸化炭素のように、いくらでも整数以外の比率で炭素と酸素が結びつくことが考えられます。

ドルトン

物質が連続であると考えるかぎり、現実に見られる倍数比例の法則を説明するには、いろいろ苦しい言い訳が必要になるでしょう。倍数比例の法則はドルトン自身が発見しました。そしてその理由を検討する過程で、法則を説明するのにもっとも都合のよい原子説を信じるに至ったのです。

これはとても説得力のある説明ではありますが、原子の存在を間接的に支持しているにすぎません。そのため、ドルトンの原子説は簡単には受け入れられませんでした。

アインシュタイン

ブラウン

ブラウンとアインシュタイン

1827年、イギリス人植物学者のロバート・ブラウン（1773〜1858）は、顕微鏡で観察しているときに、水中の花粉から出た微粒子を顕微鏡で観察しているときに、それがランダムに動いていることを見つけました。これをブラウン運動といいます。

ブラウンは、ブラウン運動は花粉が生きていることの証であると考えましたが、その後、生きているはずのない無機物の微粒子でもブラウン運動が観察され、やがて水分子が衝突して運動を起こしているということが明らかになりました。つまり水の「分子」という概念がこの現象の説明に必要になったのです。

ここで登場するのがアルベルト・アインシュタイン（1879〜1955）です。1905年、アインシュタインは分子の存在を仮定した上で、実験で観測されるブラウン運動を理論的に説明することに成功しました。この頃から、徐々に原子論者の立場が固められていきました。

ブラウン運動は非常に身近な現象なので、市販の光学顕微鏡をお持ちの方は、牛乳や墨汁などを観察すると、牛乳の中の脂肪のかたまりや墨汁の中の炭のかたまりが動いている様子を見ることができます。これらの微粒子が動いているのは、周囲の液体分子（これは光学顕微鏡では見えません）が絶えずランダムに衝突しているからです。

原子論者、日の目を見る

原子の存在に対し、決定打を放ったのがフランス人物理学者ジャン・ペラン（1870〜1942）です。ペランは、水に沈む細かい粒子のブラウン運動を観察し、アボガドロ数を割り出しました。

ペラン

アボガドロ数とは、炭素12（陽子6個、中性子6個、電子6個からできた炭素で、12という数字は陽子と中性子の合計の個数を表します）が正確に12グラムあるときに、そこに含まれる原子の数を指します。逆に言えば、炭素原子をアボガドロ数個集めれば、12という数字にグラムの単位をつけた質量になるのです。ちなみに、12個を1ダースと呼ぶように、この「アボガドロ数個集まった量」のことを

1モルと呼びます。原子や分子はとても小さいので、原子1個の質量などを議論するのはとても煩雑です。そこで原子がアボガドロ数個集まった状況でいろいろな問題を考えると、私たちにとって身近な量になるため、計算の見通しが立てやすくなります。このため、とくに化学分野において、アボガドロ数やモルがよく使われます。

ペランに話を戻しましょう。ペランが実験の条件をいろいろ変えてもアボガドロ数は変わらず、また、別の方法で求めても変わらないことが明らかになりました。これによりアボガドロ数という考え方が確かなものであり、それはすなわち、物質が原子や分子といった粒子からできていることの証拠にもなりました。

ここまでくると、原子を否定する一派は、ぐうの音も出ません。20世紀になってようやく原子時代が到来したのです。

どこまで分割できる?

物質が粒子でできているとすると、一体その究極の粒子は何か、ということが気になります。つまり、物質をどれだけ小さく分割すると、これ以上分割不能という行き止まりに達するかという問題です。

時代とともにその究極の粒子は小さくなっていきます。最初は原子が究極の粒子でした。しか

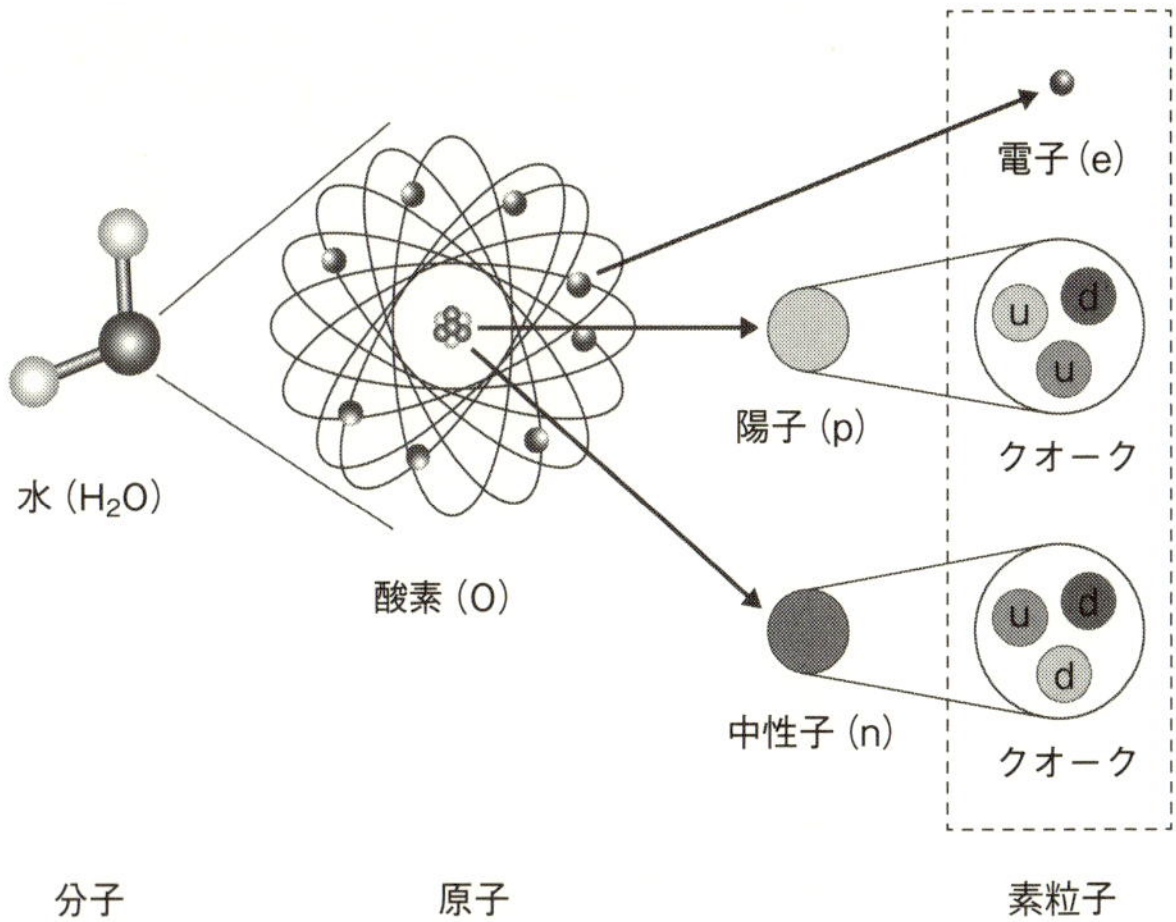

図1-1　分子、原子、陽子・中性子、クオークの成り立ち

し原子が原子核と電子から構成されていることが発見されます。では原子核や電子は、もう分割できない究極の粒子でしょうか。

電子については、今でもそれ以上分割できるとは考えられていません。究極の粒子のひとつです。それに対して原子核は、やがて陽子と中性子の集まりであることが見つかります。陽子の数で原子の種類すなわち元素が決まり、陽子の数と電子の数は等しいということもわかりました。たとえば図1-1の酸素原子には、8個の陽子と8個の電子が含まれています。また同じ元素でも、中性子の数が異なる原子もあり、それらは同位体と呼ばれています。同位体は、陽子の数が同じ、すなわち同じ元素なので、化学的な性質に差はありません。しかし同位体は中性子の数が違うので、質量が違うということ

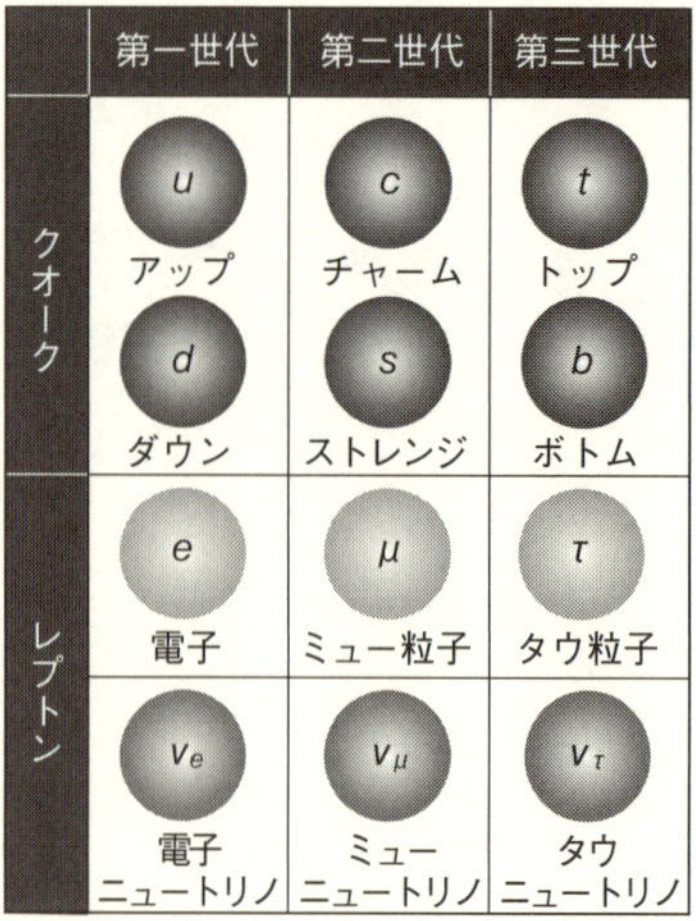

	第一世代	第二世代	第三世代
クオーク	u アップ	c チャーム	t トップ
	d ダウン	s ストレンジ	b ボトム
レプトン	e 電子	μ ミュー粒子	τ タウ粒子
	ν_e 電子ニュートリノ	ν_μ ミューニュートリノ	ν_τ タウニュートリノ

図1-2　物質を構成する素粒子

に加え、さらに大きな違いがあります。それは本書のメインテーマである「すべての粒子は2種類に分類される」ということに関わっており、後ほど説明します。

研究者たちの究極の粒子探しはまだ終わりませんでした。陽子と中性子も究極の粒子ではないことが明らかになり、今では、それぞれクオークと呼ばれる粒子が3個集まってできていることがわかっています。クオークには6種類あり、組み合わせ次第で陽子ができたり中性子ができたりしているのです。

物質を作る粒子

電子やクオークなどの究極の粒子は、素粒子と呼ばれますが、素粒子はほかにも種類があり、究極というわりには種類が多いのです。それを嫌う物理学者は、さらに少ない種類の素粒子がこれらの構成要素になっていると考えているようですが、現時点で素粒子として市民権を得ているのは、6種類のクオークと、レプトンという名前のグループに属する6種類の粒子（電子、ミュー粒子、タウ粒子とそれぞれに対応するニュートリノ。図1-2）です。私たちの身体も、地球も、この活字のインクも、これらの素粒子が集まってできているのです。

もっとも早い段階で見つかった素粒子は電子で、1897年イギリス人物理学者のジョゼフ・ジョン・トムソン（1856〜1940）が発見しました。当時、真空管の中に2つの電極を入れ、その間に電圧をかけると、電極の間に得体のしれない物が流れることが知られていました。これを陰極線といいます。陰極線は電極から出てくるので、電極を構成する原子から出てきていると考えられます。トムソンは実験により、それが電気を帯びた粒子であることをつきとめ、その粒子が持っている電気量と質量を割り出したのです。質量は水素原子の1000分の1という極めて小さいものでした。これこそが電子の発見でした。

トムソン

トムソンは1906年にノーベル物理学賞を受賞します。電子の発見の意義は非常に大きく、単なる新粒子の発見にとどまりません。原子から電子が飛び出してきたものが陰極線だとすれば、原子は究極の粒子ではなく、電子とそれ以外の部分とに分割できることになります。しかも、原子は電気的に中性ですが、そこから負の電気を持つ電子が出てきたということは、電子以外の部分は正の電気を持っているはずです。このように、電子の発見は、原子の理解を大きく深めることにもつながったのです。

力を伝える粒子

長い歴史を経て、物質は粒子でできているという考え方が主流になりました。今ではその考え方がさらに発展し、

力すらも粒子が生み出している

と考えられています。粒子が力を生み出すとはどういうことでしょう。粒子に力が働くといっているのではありません。粒子が力の根源になっているというのです。

この説明をするときによくたとえ話として取り上げられるのが、氷上のアイススケーターです。エキシビションに登場したスケーターたちが、向かい合ってキャッチボールをするとしましょう。ショーとしてはかなり地味ですね。

やりとりするボールがとても重く、しかも透明だ（あるいは小さすぎて見えない）とします。ボールを投げた側は、反動で後ろに滑っていき、受け取った側も、ボールの勢いで後ろに滑り出

します。観客からはボールが見えませんから、何もしていないのに2人のスケーターが後ろ向きに滑り出し、まるで2人の間に反発する力が働いているかのようです。

一方、2人のスケーターがボールの代わりに強力な磁石（これも観客からは見えないものとします）を持ち、お互いN極同士を向かい合わせるとどうでしょう。磁石の反発力により、2人とも後ろ向きに滑り出しますね。キャッチボールによるものであろうと磁石が原因であろうと、観客から見れば2人のスケーターに反発力が働いているという事実だけが見えます。つまり、磁石の反発力も、キャッチボールによる力も、観客からは区別がつかないのです。そのため、力は粒子をやりとりすることで生み出されているという発想も、ありえない話ではないと思えてくるでしょう。

このたとえ話は実際には力を伝える粒子の説明としてそのまま使えるものではありません。反発力の説明としては使えても、引力の説明には使えないなど、細かいところを突いていくと、粗《あら》が見えてきます。実際には精緻な理論が背景にあり、磁石の力も、静電気が髪の毛を立たせるような電気の力も、目に見えない粒子が媒介していると現在では考えられています。磁気の力と電気の力は、共通の粒子が生み出しており、その粒子を**光子**と呼びます。

別の力には別の粒子が関与しています。たとえば先ほど説明したように、原子核は陽子と中性子が集まってできています。しかしよく考えると、陽子は正の電気を持っているので、陽子同士は電気の力により反発し合うはずです。それにもかかわらず原子核の中におとなしく座っているということは、何か強い引力が作用して、陽子と陽子を結びつけているに違いありません。この強い引力は「強い力」と呼ばれ（なにやら固有名詞らしくない名称ですね）、それを作り出している粒子は**グルーオン**と呼ばれます。グルーは英語で糊を意味しており、それを語源とした名前の粒子が、陽子を原子核の中で糊づけしているのです。

素粒子と粒子の区別

このように、素粒子には、

物質を作り上げている粒子と、力を伝える粒子

があります。それ以外にも、粒子に質量を与える役割をしている**ヒッグス粒子**と呼ばれる粒子も存在しています。

一方、一般的に私たちが粒子というとき、必ずしも素粒子を指すわけではありません。たとえば小麦粉の小さな粒子は素粒子ではありませんが、粒子といえば粒子ですね。原子も粒子といえますし、分子も粒子といえます。これらの粒子はいずれも素粒子が集まってできています。

この点はとても重要なので再度強調しておきますが、世の中の粒子は素粒子だけでなく、素粒子が集まってできているものも粒子と呼びます。少なくとも本書では、粒子というとき、それは素粒子である場合もあるし、素粒子の集合体を指す場合もあると憶えておいてください。

第2章

粒子か波か

そもそも粒子とは

粒子の話をした直後ではありますが、そもそも粒子とは何でしょう。私たちがイメージするのは、小さくて点のような存在、といったところでしょうか。ここで「小さい」というのは相対的なイメージですね。ボウリングの球は、私たちから見れば粒子と呼ぶには大きすぎますが、ゴジラから見れば十分に粒子といえるでしょう。

もうひとつの「点のような存在」という表現も、誤解を招きやすいかもしれません。点というのは、空間のある1ヵ所を指しています。数学的には、点は広がりを持っていません。しかし現実の粒子には必ず大きさがあります。つまり物理学者が、「粒子は点として存在している」などと言うと、数学者が「ということは大きさがゼロなのか」と突っ込みを入れるというわけです。その突っ込みを入れられないよう、本書で「点」という表現を使う場合、それは数学的な意味での点ではなく、特定の場所に集中していて、広がっていない存在という意味で使うことを、あらかじめお断りしておきます。

粒子の反対語

重いの反対は軽い、高いの反対は低い。では、粒子の反対は何でしょう。

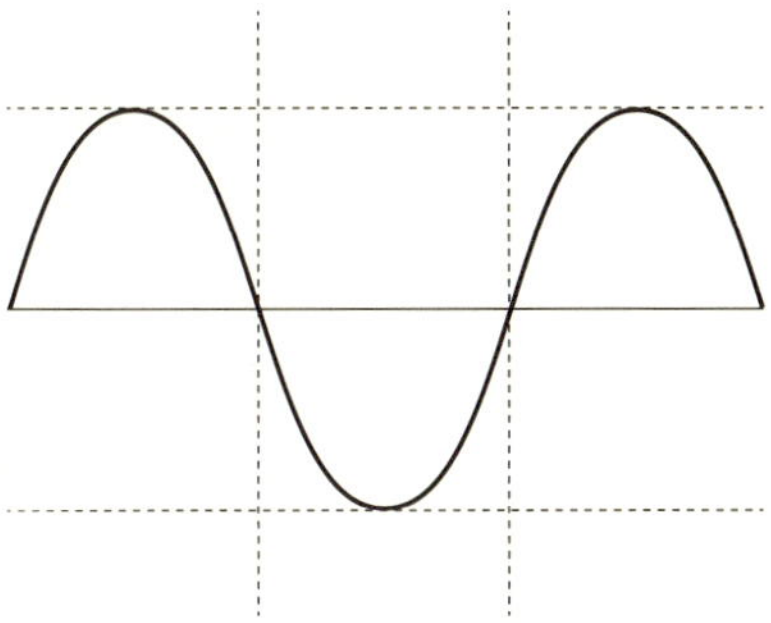

図2-1　典型的な波の形

こんな質問をされたら、質問自体がおかしいと思うかもしれません。実際、自動車の反対は何、テーブルの反対は何、といわれても、答えはありません。

しかし物理学の世界では、粒子の反対語ともいうべきものがあります。正確には反対語ではなく、あくまでも粒子と対極にある性質を持つものとして、つねに粒子と一緒に取り上げられるものです。その答えは、**波**（図2－1）です。

物理学者はよく、「粒子か波か」と頭を悩ませています。それは粒子と波が相容れない反対のものだからです。一体何が反対だというのでしょう。それは、先ほどお話しした「点」という概念に関係しています。

波の広がり

粒子は点のようなもので、特定の場所に集中し、広がりを持っていません。大きさを持った粒子でも、その大きさ以上には広がっていません。

では、波はどうでしょう。みなさんが思い浮かべやすい波は、動いているものが多く、粒子との比較がやや難しいかもしれません。たとえば海や池の波は動いているので、空間的に広がっているかどうか、はっきりしないようにも思えます。池の水面を棒でつつくと、波紋が広がっていきます。「だから波は1ヵ所にとどまらず広がっている」と主張すると、「いやいや、粒子だってあちこち動いていれば、特定の場所に集中しているとはいえない」と反論されてしまいます。

波が粒子と違って広がった存在であることを理解するには、動いていない波を想像するとわかりやすいでしょう。動いていない波とは、節《ふし》の位置が移動しないまま振動している波で、定在波ともいいます。たとえば弦楽器の弦がそれにあたります。バイオリンなどの弦楽器の弦は、両端が固定されているので定在波として振動し、その節の間隔で音の高さが決まります。この波は明らかに弦のどこか1ヵ所に縮こまっているわけではなく、弦全体に広がっていますね。一方、動いていない粒子は空間の1ヵ所に点として存在しており、広がっていません。

このように粒子と波は、広がりという点で反対の性質を持っています。広がっていないのが粒子、広がっているのが波です。

しかしここでも注意が必要です。先ほどからお話しししているように、粒子といえども完全な点ではなく、ある程度の大きさがあります。つまり広がりがないわけではありません。一方、バイオリンの弦が振動しているとき、その波が弦全体に広がっているからといって、ゴジラから見れ

砂浜の手の影

ばその広がりは見えないくらい小さく、ボウリングの球と同じく点のような存在になってしまうでしょう。広がりという言葉にはそのようなあいまいさがあります。しかしここではとりあえずそのあいまいさには目をつむり、「広がり」を粒子と波の違いを表すキーワードとしておきます。

影の輪郭はなぜぼやける

物理学者はよく「粒子か波か」と頭を悩ませていると書きましたが、その悩みゆえに論争が長く続いたものに光がありますそれはどのような悩みだったのか、まずは光は波であると主張する根拠から見ていきましょう。

今この本を読んでいるあなたの手を、本のページの上にかざし、灯りに照らされた手が本の上に作る影を見てください。とくに影の輪郭に注目すると、どうでしょう。輪郭はくっきりしているでしょうか。ぼやけているでしょうか。手を本のページから離せば離すほど、輪郭がぼやけて

岩の裏に回り込む波

いきますね。

これは、光が手の裏側にまで回り込んでいるからです。光が粒子であれば、光が当たったところと当たらないところがはっきり分かれるため、輪郭はシャープになるはずです。ぼやけるということは光が裏側に回り込んでいると考えられ、そのためこの現象は、光が波に固有の現象である回折を起こす証拠のひとつと見ることができそうです。

輪郭がぼやける理由

しかし本当にそうでしょうか。後でわかるように、確かに光には波としての性質があり、回折現象も引き起こします。回折は、波の波長（山から山、あるいは谷から谷までの長さ）が長いほど顕著だという性質があります。実際、建物の中や裏側でAMラジオは受信できてもテレビは受信できないということがありますが、これはAMラジオの電波がテレビの電波よりも波長が長いため、回折により障害物の裏に回り込めるからです。

これらの電波に比べ、光の波長は圧倒的に短く、1万分の1ミリメートル程度しかありません。人の手などの影を作る物体よりもはるかに小さく、回折の効果はわずかです（もちろん対象物が小さくなれば、相対的に光の波長が短いとはいえなくなり、回折効果も強くなります）。光がわずかしか回り込まないのに影の輪郭がぼやけるのはなぜかといえば、照明が点ではなく広がりを持っていることや、塵《ちり》や埃《ほこり》が光を散乱させる効果が大きく効いているからです。実際、月面における宇宙飛行士の影は、光源である太陽が遠く離れていてほぼ点とみなせることや、月に塵や埃がないことから、地球上の影に比べて輪郭がはるかにくっきりしています。

このように、影の輪郭がぼやけるという事実だけでは光が回折することを強く主張するわけにはいかないのです。

アル＝ハイサム

光の波動説

そもそも光を学問の対象として科学的に研究したのは近代光学の父として知られるイブン・アル＝ハイサム（965〜1040）です。8世紀からの数百年間、イスラム

ホイヘンス

圏は科学分野で世界をリードしていました。ヨーロッパでルネサンスが勃興する以前の時代です。数学、物理学、化学、医学など、さまざまな分野で革新的な進展が見られました。たとえば数学では、アラビア数字の使用や、未知数をxと置いて方程式からその値を求める解法などもイスラム圏で研究が行われました。

そんな時代のイスラム圏のイラクで、ハイサムは生まれました。ハイサムは、光の直進性や屈折、反射の実験的研究を行い、さまざまな結論を導き出しました。なにより、実証により自らの主張を構築していくというハイサムの研究スタイルは、実験データに基づいて理論を構築するという現代科学手法の出発点ともいえます。一般にはあまり名前が浸透していないハイサムですが、後の西洋にも多大な影響を与えた偉大な学者なのです。

ハイサム以後、しばらく光の研究は停滞します。ところが17世紀になると、ヨーロッパで爆発的に研究が進みます。ニュートンとホイヘンスが歴史に登場したからです。

光が波であることを科学的に主張した最初の人物は、オランダ人物理学者クリスティアーン・ホイヘンス（1629~1695）です。ホイヘンスは、光と光が衝突によって散乱されないことから、光は波であると主張しました。光が粒子であれば、２つの光を交差させると粒子同士の衝突により散乱されるはずです。しかし実際には散乱されることなく互いに通り過ぎてしまいます。これは波に見られる現象です。池の水面の２ヵ所を棒でつつくと、それぞれから波紋が広がりますが、２つの波紋が交差しても互いに影響を与えることなくそれぞれの方向に広がり続けます。２つの光が交差しても通り過ぎていく現象は、光がこの波としての性質を持っていることの証拠だというわけです。

ホイヘンスのこの光の波動説は、残念ながらすぐには受け入れられませんでした。それは当時の物理学の世界に君臨していたニュートンが光の粒子説を唱えたからです。

ニュートンの光の粒子説

紹介するまでもない物理学史上の巨人であるアイザック・ニュートン（１６４２～１７２７）は、数多くの歴史的業績に加え、光の研究においても大変重要な研究結果を残しています。

ニュートン以前、光は本来、白色だと考えられていました。しかしプリズムに光を通すと、虹のようにさまざまな色が出てきますね。その点については、屈折によってもともと白かった光に色が付くからであるという、やや苦し紛れの説明がされていました。しかしニュートンは、白色光はいろいろな色の光が混ざった結果として白く見えているだけであり、さらに光の色によって

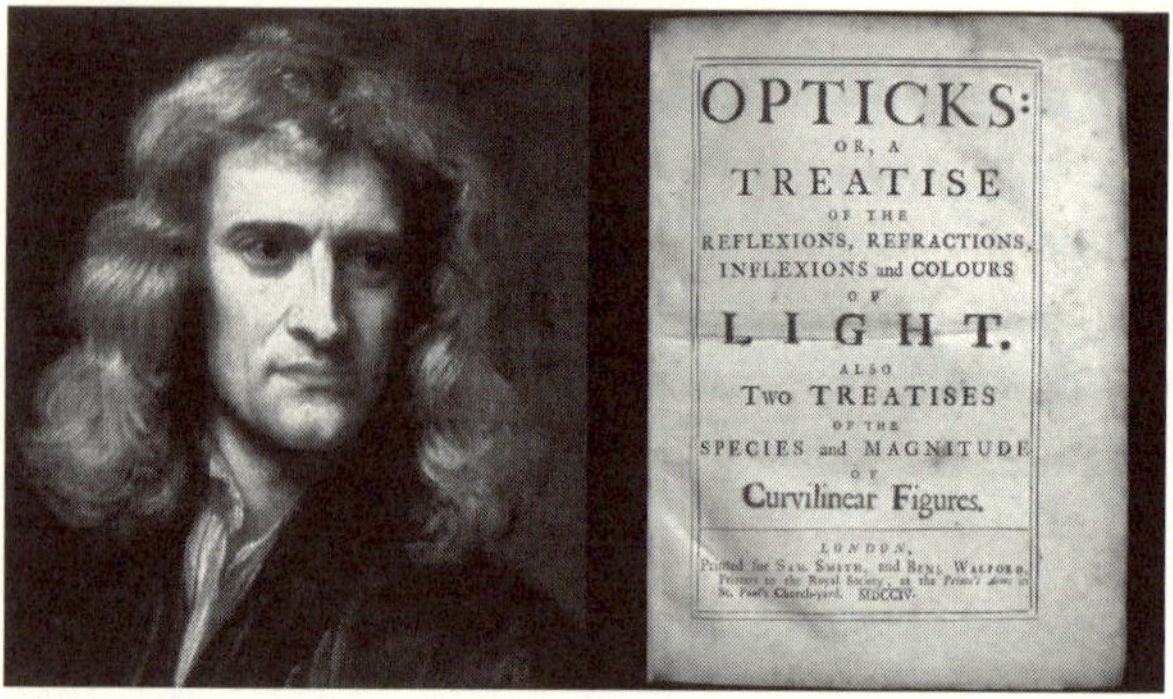

ニュートンと1704年に出版された著作『光学』

屈折率が異なる（すなわちプリズムを通過するときの角度が異なる）と考えました。これは現在の理解とも合致した先進的な主張でした。

さらにニュートンは、光は粒子で構成されていると考えました。光がまっすぐに進むことや、波ならではの性質である回折や干渉を起こさないこと（先ほど説明したように、光の波長は短いために回折や干渉の現象はわずかな程度しか起こらず、当時の技術ではそれを見ることはできませんでした）などから、光が粒子であると考えるのが自然であると主張したのです。

ホイヘンスとニュートンはほぼ同時代を生きていましたが、ニュートンの偉大さは当時でもすでに知れ渡っており、ニュートンに楯突いて光の波動説を推し進めることは時代が許しませんでした。そのため18世紀の間は、光の粒子説が主流となっていました。

ヤング

光が波である証拠

世紀の変わり目には物理学でも大きな転換が起きています。18世紀から19世紀に切り替わるとき、イギリスの物理学者トマス・ヤング（1773〜1829）は、光が干渉することを実験的に発見し、光の波動説の証拠をつかんだのです。いよいよ波動説派の反撃です。

図2-2のように、一番左側の板に細長い隙間を開け、そこから光を入射します。図はその隙間の断面を表しています。隙間を通過した光は、点光源から出た光のように広がっていきます。

中央の板には2本の細長い隙間を平行して開けます。そしてその右側には、ある距離だけ離れたところに、板と平行にスクリーンを設置します。光が粒子でできている場合、点光源（実際には細長い隙間から出てくるので線光源ですが）から出た光の粒子はほとんどが中央の板にぶつかってしまい、たまたま中央の板の隙間を通過することのできた粒子だけが右側のスクリーンに到達します。そのとき、粒子はまっすぐに進むので、中央の2つの隙間に対応して、スクリーンにも2本の光の筋が見えるはずです。

しかしこの実験を行ったヤングは、スクリーン上に光の

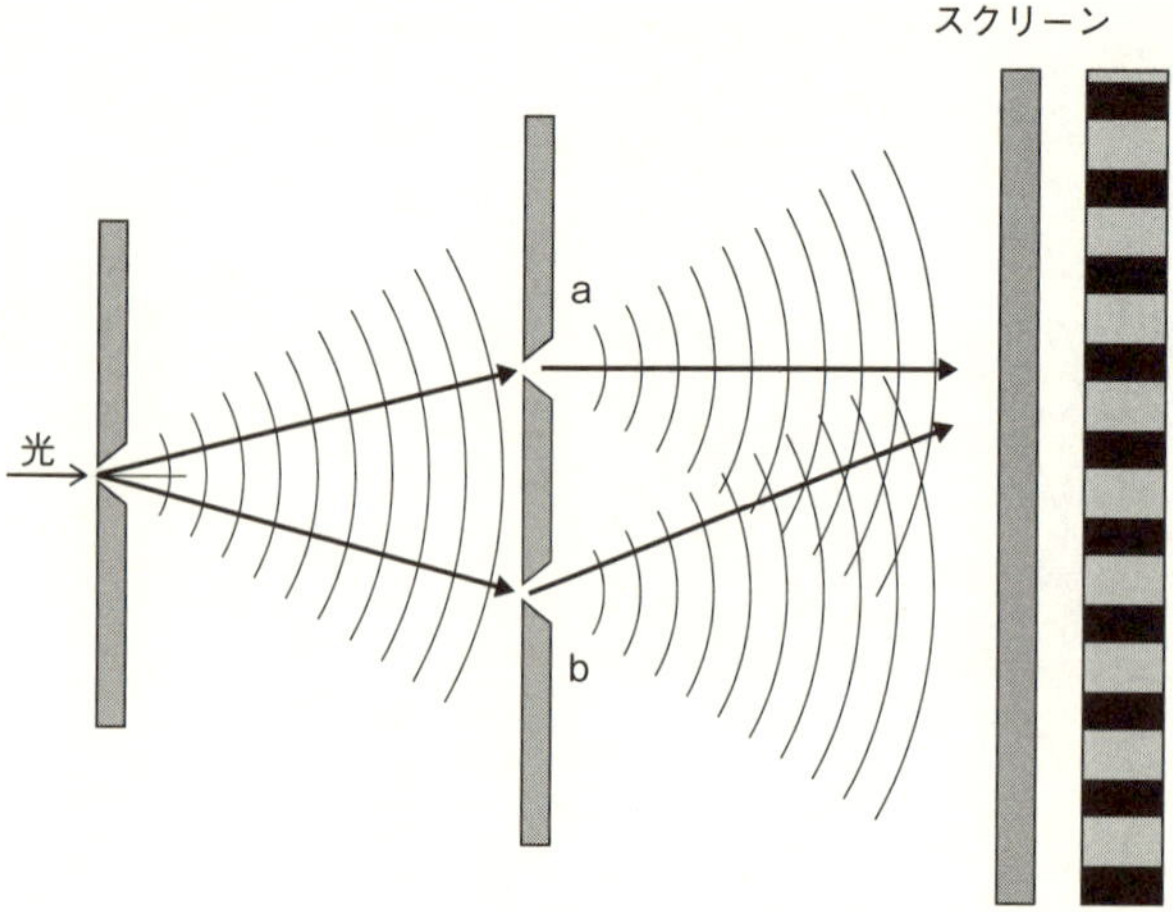

図2-2　ヤングの実験

縞模様を観測したのです。これはまず、光が中央の板の隙間を通過したときに、それまで光が進んできた方向だけでなく、さまざまな方向に広がっていることを意味しています（図のaやbから波紋状に広がる光）。そのように広がらなければ、光がスクリーンの広い範囲に到達するはずがありません。これは光が回折していることの証拠になります。

さらに、スクリーン上で光が縞模様を形成しているのは、波の山と山が強め合い、山と谷が弱め合う干渉現象そのものを表しています。ヤングの実験はこのように、光が回折と干渉をすることを実証し、光が波であることを裏付けたのです。

この実験を契機に光の波動説が優位に立ち、19世紀は波動説の時代となりました。

光の粒子説リターン

　実際は波動説には大きな弱点がありました。それは波にはそれを伝える媒体が必要であるという点です。バイオリンの弦や池の水のような媒体が必要なのですが、光という波を運ぶ媒体の存在について、光の粒子説派は「そんなものがどこにあるのか」と徹底的に攻撃したのです。波動説派は、この媒体としてエーテルと呼ばれる謎の物体が宇宙空間を満たしており、それが振動することで光が生じていると説明しようとしましたが、いくら実験をしてもエーテルは見つかりません。しかしその媒体の問題を除けば、その後のより高精度な実験により、ますます光が波だという証拠がそろっていきます（現代の理解では、エーテルの代わりに「場」という概念が導入され、電場や磁場が振動することで光や電磁波が生み出されると考えられています）。エーテルが見つからないというもやもやしたところはあるものの、その他の実験的証拠に勢いづいた波動説派が、いよいよ勝利すると思われました。ところが19世紀末、波動説を激震が襲います。光電効果の実験です（図2-3）。

　物質に光を当てると、物質の中にいる電子が光のエネルギーを受け取って、物質の外に飛び出してきます。これが光電効果です。たとえるなら、池に石を投げ入れると、池の水が空中に跳ね上がるような現象です。

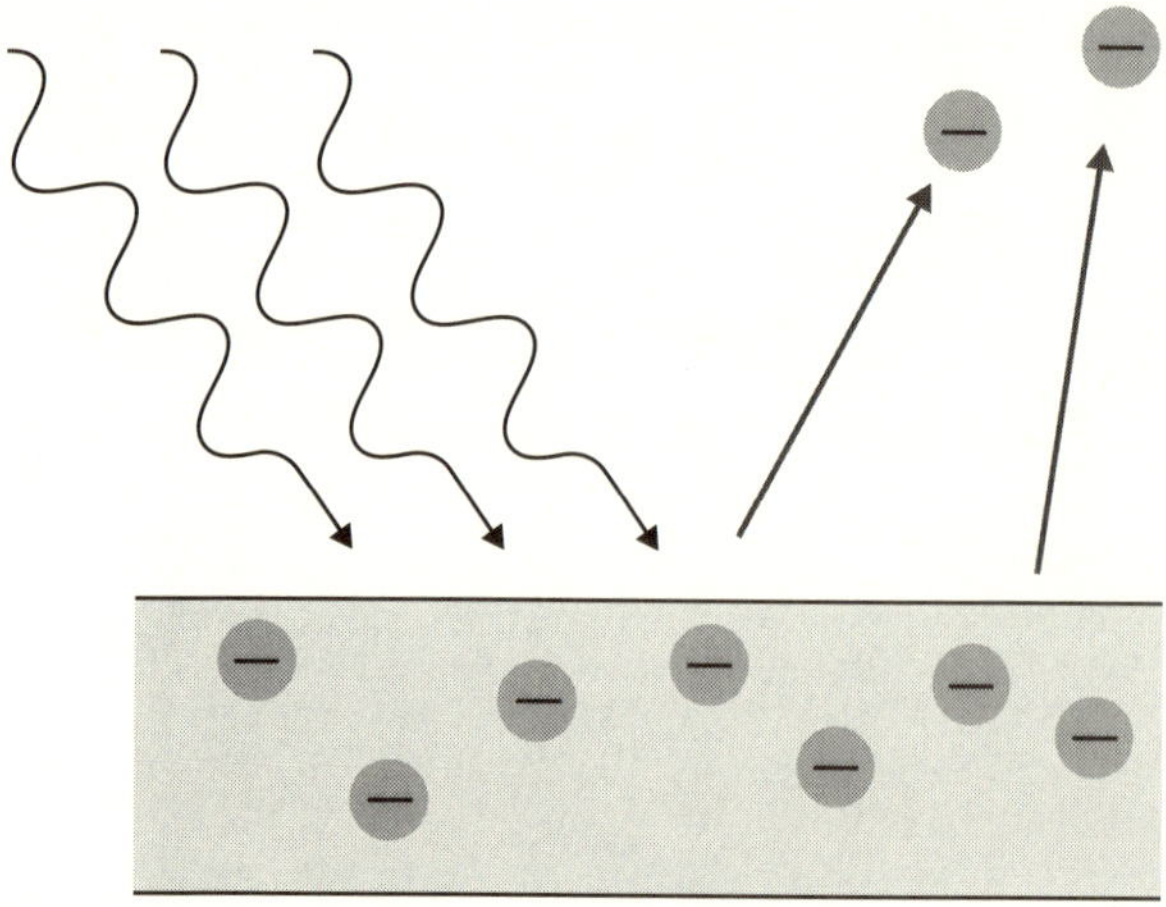

図2-3 物質に光を当てると内部の電子が飛び出してくる光電効果

この現象が注目を浴びたのは次の実験事実でした。実験では、物質に当てる光の波長や強さをいろいろ変えてみたのですが、そこでわかったことは、

出てくる電子の数は光の波長によらず強さだけで決まり、出てくる電子のエネルギーは光の強さによらず波長だけで決まる

ということでした。そして光の波動説ではこの性質は説明できないことは明らかです。波動説が正しいとすれば、光という波が押し寄せて物質内部の電子をたたき出していることになります。そうだとすると、飛び出す電子のエネルギーが光（つまり波）の強さによらず波長だけで決まるというのは不思議なことです。

もちろん従来の粒子説でもこの現象は説明できません。しかし改良版粒子説なら説明できると主張する人物が現れました。アインシュタインです。その主張もまた、世紀の変わり目に行われました。今度は19世紀から20世紀への転換期です。

アインシュタインの研究

アインシュタインは１９２１年にノーベル物理学賞を受賞していますが、その受賞理由は「理論物理学に対する貢献、とくに光電効果の法則の発見」というものでした。先述のブラウン運動の理論（これにより分子の存在が否定できなくなりました）や相対性理論など、たくさんの画期的理論を打ち出してきたアインシュタインですが、ノーベル賞はとくにこの光電効果を説明した理論に高い評価を与えたのです。

アインシュタインによれば、光電効果は光を奇妙な粒子の集まりとして考えると説明できるというのです。この奇妙な粒子こそが、第1章で電気や磁気の力を生み出す粒子として紹介した光子です（もちろん当時はそんなことはわかっていませんでしたが）。光子が奇妙な粒子なのは、

光子の持つエネルギーは、波長によって決まる

からです。一体そのどこが奇妙なのでしょうか。

普通の粒子には質量がありますね。質量があるために、粒子が動いた場合にエネルギーを持ちます。いわゆる運動エネルギーと呼ばれるエネルギーです。たとえば野球のボールのエネルギーは、ボールを速く投げれば投げるほど高くなりますが、これはボールが質量を持ち、速度が増すにつれて運動エネルギーが増すからです。このように、普通の粒子の運動エネルギーは、質量や速度で決まります。

しかし光子はそうではありません。奇妙な粒子である光子には質量がないのです。したがって運動エネルギーも持っていません。だからといってエネルギーがないわけではありません。光子は別の種類のエネルギーを持っており、アインシュタインは、このエネルギーが光子の集合体である光の波長で決まると考えたのです。

さらにアインシュタインは、強い光は光子がたくさんある光のことだと考えました。まとめると、

光は光子から構成され、光子が多いほど強い光であり、光子のエネルギーは光の波長で決まる

というわけです。この仮説が正しいとすると、実験結果が見事に説明できるのです。すなわち、強い光を物質に当てると、たくさんの光子が物質中の電子に衝突してこれをたたき出すため、強

い光ほど（たくさんの光子を当てるほど）たくさんの電子が飛び出てくる実験結果も説明できます。また、物質中にいた電子は、光子が持っていたエネルギーを衝突により受け取って外に出てくるので、飛び出した電子のエネルギーは光子のエネルギーすなわち光の波長で決まりますが、実験結果はそれを支持しています。不思議な粒子である光子の存在を仮定すると、光電効果の実験が示す疑問が、すべて解決されるのです。

この奇妙な粒子は、それまで光の粒子説派が考えていた古典的な粒子とはまったく異なるものです。当時はまだ光子という言葉がなく、アインシュタインはこの粒子のことを「光量子」と呼んでいました。そのためアインシュタインのこの理論は、光量子仮説ともいわれています。

光は粒子であり波である

アインシュタインの光量子仮説は、光電効果を説明することに成功しました。しかし光電効果が発見されるまで光が波であることを支持してきた実験結果があるのも事実です。それらの実験は、光が波としての性質すなわち回折や干渉などの性質を持っていることを、明らかに示しています。ということは、光は、ヤングの実験などでは波としての姿を見せ、光電効果の実験では粒子（といっても従来の粒子の概念とは大きく異なる新しい種類の粒子）としての姿を見せていることになります。このような、光の波動説派と粒子説派の両方に良い顔をする光の性質は、その後もいくつかの実験で見られています。

光は電磁波の一種なので、光の性質はすべての電磁波に共通するものであるはずです。そこで光の代わりに、波長のより短いX線を使っていくつかの実験が行われました。ひとつは、原子が規則的に並んだ固体結晶にX線を照射する実験です。X線が波だと仮定しましょう。するとその波は、結晶を構成する原子と原子の間を通り抜けるとき、原子の裏側にまで回り込む回折現象を起こすはずです。しかし結晶中には原子が多数あり、しかも規則正しく並んでいます。ある原子で回折したX線は、一定の間隔をあけて存在している隣の原子で回折したX線と干渉します。そのため、回折後のX線は、干渉によって弱め合う場合と強め合う場合があるはずです。実際、実験を行うと、光の波長によって結晶から出てくるX線（回折されて出てくるX線）が強い場合と弱い場合があることがわかりました。これはX線が波であれば理解できる結果です。

X線を使った別の実験もあります。X線を電子に照射する実験です。こちらの実験では、X線は粒子（光子）としての性質を見せます。実験結果からは、電子にボールをぶつけているかのような状況が示唆されたのです。つまりX線は光子の集まりであり、光子が電子に衝突して散乱されていると考えれば実験が説明できたのです。この実験の意義はそれだけではありません。この実験が行われる前、アインシュタインは光子が波長で決まるエネルギーを持つだけでなく、そのエネルギーを光速で割った値の運動量を持つことを理論的に主張していました。このようにエネルギーは波長とも運動量とも関係しているので、結果として光子の運動量は波長と関係していることになります。そしてX線の電子への衝突実験がその正しさを証明したのです。

このX線の電子に対する衝突実験は、アメリカ人物理学者アーサー・コンプトン（1892〜1962）が行い、コンプトンはノーベル物理学賞を受賞します。先述した固体結晶にX線を照射してX線が波であることを示したドイツ人物理学者マックス・フォン・ラウエ（1879〜1960）もノーベル物理学賞を受けています。また、アインシュタインの光量子仮説の正しさは、アメリカの物理学者ロバート・ミリカン（1868〜1953）が精密な光電効果の実験を行ったことで証明され、ミリカンもノーベル物理学賞を受賞しています。このように、光の波動性や粒子性を巡っては、多くのノーベル賞が授与されているのです。それだけ物理学史上においても大きな発展であったといえるでしょう。

本章の冒頭で、粒子の反対語は波であるといい、広がりという観点から両者は相容れないものだと述べました。それなのに、光は粒子と波の両方の性質を持っており、場面に応じてその一方の姿を私たちに見せているのです。これを**粒子と波の二重性**といいます。この二重性の発見が、その後の物理学の大転換につながっていきます。

ド・ブロイ

物質波

ニュートンの威光で押され気味だった光の波動説派は、19世紀に行われた数々の実験で息を吹き返し、光は波だという見方が主流となりました。しかし20世紀になるとそれも打ち破られ、光は波と粒子の両方の性質を持ち、場面に応じて姿を変えているという二重性の概念が現れました。

いったん波として決着がついたかと思われた光が、光子という粒子としての性質も持っていることが明らかになったのですが、これは光が特殊な存在だからだと、当時の人たちは当然そのように思っていました。しかしそこに柔軟な頭の持ち主が現れました。フランスの物理学者ルイ・ド・ブロイ（1892〜1987）です。

ド・ブロイは、ソルボンヌ大学で学位を取りましたが、その博士論文の中で驚くべき仮説を提唱します。後に物質波とかド・ブロイ波と呼ばれることになる概念ですが、ド・ブロイが考えたのは、「波と思われていた光に粒子としての性質が備わっているのであれば、身の回りのものを構成する粒子にも、逆に波としての性質が備わっているのではないか」ということでした。そして、アインシュタインが提唱した光子の運動量と波長との関係は、じつは光だけに当てはまるものではなく、身の回りの粒子にも当てはまると考えたのです。つまり粒子として私たちが見ているものは、その運動量から計算される波長を持った波でもあるというのです。

これがいかに大きな発想の転換を必要とするかは、おわかりでしょう。光だけでなく、あらゆるものが波と粒子の2つの性質を併せ持っているというのです。日常生活を送っていて、目の前のものが波として振る舞うというのは、にわかには信じがたいことです。茶碗に入った米粒は、粒子のように見えるものの、じつは波のように広がっているといっても、誰もが反論するでしょう。しかしやがてこの主張の正しさは実験で証明されていきます。

トムソン

電子は波である

粒子にも波としての性質があることを示すにはどうしたらよいでしょう。粒子として実験でよく取り上げられるのが電子です。電子が本当に波であれば、回折や干渉を起こすはずです。はじめにその実験をしたのが、イギリス人物理学者のジョージ・パジェット・トムソン（1892〜1975）です。第1章で、電子の発見者としてジョゼフ・ジョン・トムソンを紹介しましたが、ジョージはその息子です。

息子の方のトムソンは、電子を金属結晶に照射しました。先ほどX線を結晶に照射して回折させる実験を紹介しましたが、電子が波であれば結晶に照射したときに同様に回折するはずです。そしてトムソンはその様子を捉えることに成功したのです。1927年のことでした。同年にはアメリカのクリントン・デイヴィソン（1881〜1958）のグループも電子の回折現象を報告しており、電子の波動性を示した業績により、トムソンとデイヴィソンは1937年ノーベル物理学賞を受賞します。とくにトムソンは、父親が粒子としての電子を発見したことによる受賞、息子がその電子の波動性を証明したことによる受賞という、運命的なダブル受賞を果たしたのです。

電子の干渉縞

波が示すもうひとつの性質、干渉についても電子を対象に実験が行われました。図2-2のヤングの実験を思い出してください。光が波であることを実証する実験でしたが、それは板の2つの隙間に光を通し、奥にあるスクリーンに当てるという実験でした。光が波としての性質を持つために、干渉が発生し、スクリーン上では光が強め合うところと弱め合うところが交互に現れ、縞模様が生じます。電子に波としての性質があるのであれば、同じ結果が見られるはずです。

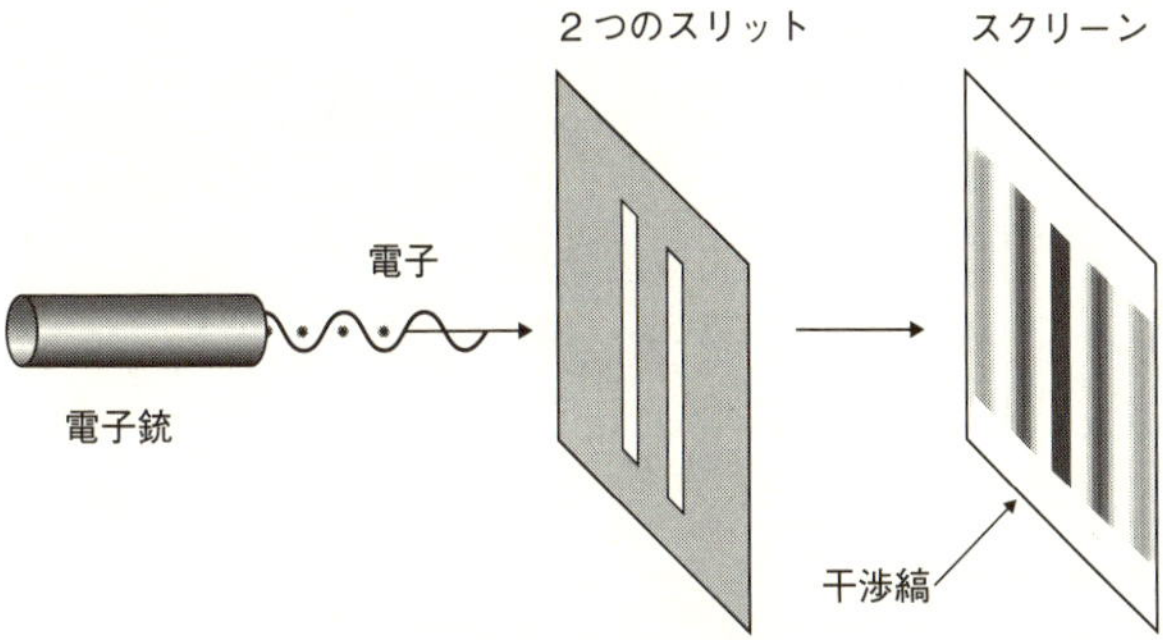

図2-4　電子の干渉縞実験

この発想に基づいて行われたのが電子の二重スリット実験です。1960年代以降、複数のグループがこれに挑み、波の性質を表す結果を得ていますが、とくに美しい実験として知られるのが外村《とのむら》彰博士（1942～2012）らの日立製作所のグループが行った実験です。

図2-4のように、スクリーンの前に2つのスリットの開いた板を置き、その板に向かって電子を発生させる装置（通常、電子銃と呼ばれます）から電子を1つずつ打ち込んでいきます。電子がスリットを通過して奥のスクリーンに当たると、その場所が検出されます。検出されるときは、あくまでも粒子として1つの点において観測されるのです。ところがおもしろいことに、次々に電子を打ち込むにつれ（同時ではなく1つずつ電子を打ち込んでいることに注意してください）、電子が観測されるスクリーン上の点が増えていき、それがやがて縞模様を作り上げていくのです（図2-5）。つまり、たくさん電子が当たるところ

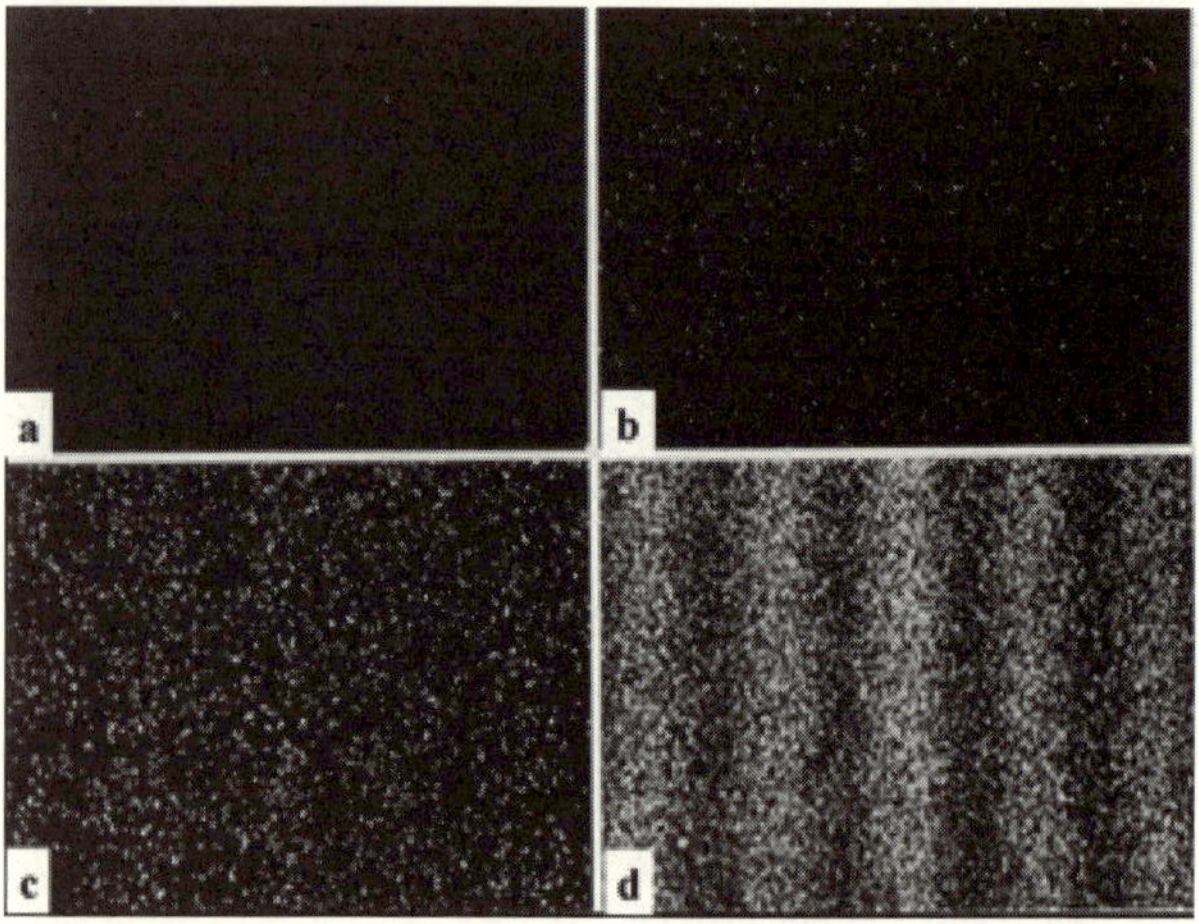

図2-5　スクリーンにできた電子の干渉縞（aからdになるにしたがって打ち込んだ電子の数が増えている）

とあまり当たらないところの濃淡が、縞模様としてスクリーンに現れるのです。

これは非常に不思議な結果です。干渉縞が現れること自体は、電子に波としての性質があることの証ですが、電子1つだけでは干渉縞は現れず、たくさん打ち込むことで縞模様が形成されるのです。この現象の理解には、量子力学が必要になります。

ところで、このような電子の波動性といったまさに物理学の根幹に関わるような実験が、大学だけでなく企業でも行われてきたことは注目に値します。かつては、世界の大企業が、基礎学問分野にも力を入れ、大学顔負けの最先端の研究を行っていました。アメリカではIBM、AT&T（情報通信会社）、ゼロックスなどが研究所を設立し、物理学の基礎研究に取り組み、ノーベル賞物理学者も多く輩出してきました。しかし時代の流れとともに、基礎研究への資金投入が途絶え、現在物理学の基礎研究を行っている企業は数少ない存在となってしまいました。一方で、ＡＩに代表されるＩＴ系の基礎研究や、遺伝子などの生命科学系の基礎研究には莫大なお金が企業から投資されているのは、みなさんご存じの通りです。

量子力学

量子力学は、20世紀の物理学において、相対性理論に並んで、もっとも基本的かつ大きな影響を及ぼした理論です。相対性理論の大部分をアインシュタインが打ち立てたのに対し、量子力学は20世紀前半に立て続けに現れた天才たちが共同で作り上げていきました。本書に登場する人物たちも、多くが何らかの形で量子力学の発展に寄与しています。

相対性理論は、その奇抜な結論から、一般の人にも人気が高く、解説本も多く出版されています。これに対し、量子力学はまだまだ専門家や科学愛好家の間にとどまっており、世間には名前も十分認知されているとは言いがたいのが現状です。しかし常識破りの奇抜さでは、相対性理論をしのぐといっても過言ではありません。ここまでお話ししてきたような、粒子と波の両方の性質を持つという発想だけを見ても、日常生活の常識ではとても理解できないことです。そもそも、相対性理論に比べて量子力学は、それを学ぶ学生にとっても、さらには専門家にとっても、とても理解しにくい学問分野です。あるいはまだ理解しきれていないといってもいいでしょう。現在も量子力学のより正しい理解に向けて、多くの研究が行われています。

すでに説明してきたように、光は波としての性質と粒子としての性質を併せ持ち、また、身の回りの粒子（たとえば電子や原子）も波としての姿を隠し持っています。量子力学は、その波としての性質にとくに注目し、波の形や運動について記述した理論です。くわしくは次の章で説明しますが、先ほどの二重スリットの実験結果について理解するため、ひとつだけ量子力学で前提になっていることを話しておきましょう。

それは、粒子が波の姿を見せているとき、その姿を観測しようとすると粒子に戻ってしまうということです。二重スリットの実験では、電子銃から発せられた電子が波となって二重スリットをくぐりぬけます。するとヤングの実験と同様に、その波は両方のスリットを同時に通過し、スクリーン上で干渉が生じます。電子の波の振幅が大きいところと小さいところが縞模様となって交互に並びます。つまり電子は、電子銃からスクリーンに至るまでは、明らかに波として振る舞っているのです。

ところが、電子の波がスクリーンに到達したその瞬間、不思議なことが起きます。スクリーン上のセンサーが電子を感知するとき、急に電子の波としての姿が消え、粒子としての姿が現れるのです。そのため、電子はスクリーンのどこかの一点において粒子として検出されます。しかも、電子は適当な位置で粒子として観測されるわけではありません。電子が粒子として観測される位置は、それまでどのような波の姿をしていたかによって変わりうるのです。つまり電子の波は、それを観測したときにどこで粒子として検出されるかという情報を含んでいます。この点について、量子力学では次のように考えられています。

まず、何らかの方法で電子を観測したとします。先ほどからお話ししているように、電子は粒子としてある場所で見つかります。ところが、まったく同じ実験をもう一度実施したとしても、電子は同じ場所に見つかるとはかぎりません。それは、

電子が見つかる場所は確率的に決まっている

からです。たとえばカメラで目の前の石の写真を撮ったとしましょう。何枚撮ろうとも、石は同じ場所に写ります。しかし量子力学は、写真を撮るたびに石の位置が変わりうると主張しているのです。目の前から石が動かないのは、そこに存在している「確率が高い」からだと解釈するのです。そしてその確率を決めているのが、波としての姿なのです。具体的にいうと、波の振幅が大きい位置では高い確率で粒子として検出され、波の振幅が小さい位置では低い確率でしか検出されないのです。先ほどの電子の二重スリットの実験でいえば、電子が波の姿をしているときに干渉縞を形成していれば（つまり干渉によって、振幅の大きいところと小さいところが交互に現

れる形をしていれば)、電子が粒子として観測される可能性が高い場所と低い場所が交互に縞模様を形成するのです。電子を1つ打ち込んだとすると、その電子の波は干渉縞を成しますが、スクリーンに当たったとたん、その波が表す確率にしたがって、ある場所で粒子として検出されます。2つ目の電子を打ち込んでも同様ですが、あくまでも確率ですので、同じ干渉縞を形成しても、検出される場所は最初の電子とは異なることもあります。しかし何度も電子を打ち込むと、確率が高いところでたくさんの粒子が検出され、確率の低いところではあまり検出されないという結果となり、電子の見つかった位置が縞模様になるのです。

第 3 章

すべての粒子は
2種類に分けられる

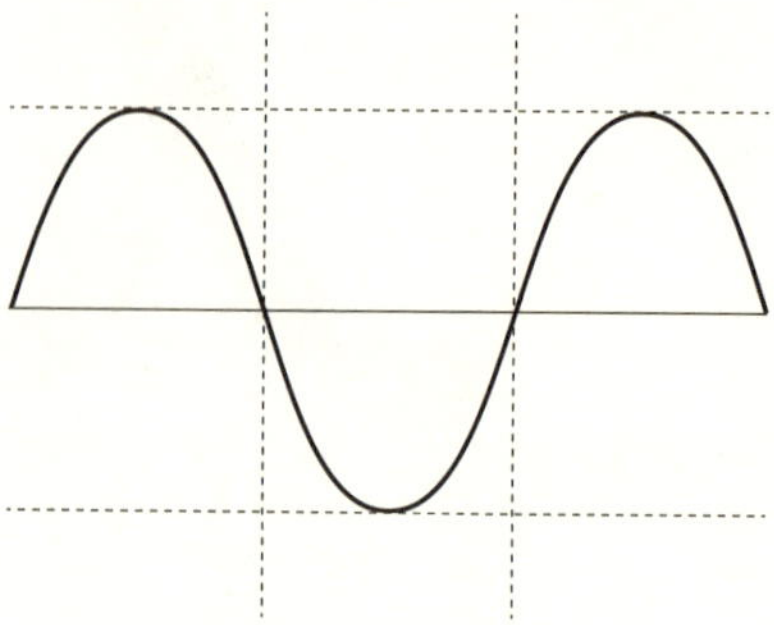

図3-1　ロープの波

波動関数

　前章の最後で量子力学について簡単に触れました。あらゆる粒子は波でもあり、波は粒子でもあります。粒子と思われていた電子は波としての姿も時折見せ、波と思われていた光にも粒子としての性質があるということがわかってきました。

　波はどのように記述されるでしょう。たとえばロープを張り、指ではじくと波打って振動します。図3－1はその一瞬を描いたものだとします。振動する前のロープを表しています。振動によってロープは横軸からずれ、図のように波の形になります。このロープの曲線は、横軸と縦軸が与えられれば、まるで「グラフ」のようですね。グラフは、縦軸が示す量と横軸が示す量の関係を示す「関数」を図に表したものなので、ロープの波は関数として数学的に表現することができます。同様にして、粒子が示す波は、関数として表すことができ、これを量子力学では「波動関数」と呼びます。図3-1の波はロープを表していましたが、たとえば電子の波も、この図のような形になることがあるのです。

波がどのような形になるか、すなわち波動関数がどのような関数になるかを理論的に記述するのが、量子力学で中心的役割を果たすシュレディンガー方程式です。これはその名の通り、オーストリアの物理学者エルヴィン・シュレディンガー（1887～1961）が導き出した方程式で、これを解けば、量子力学的な波がどのような形をしているかがわかるのです。すると前章に書いたように、どの位置で粒子として観測される確率が高いのか（あるいは低いのか）が明らかになります。シュレディンガー方程式の具体的な形は、話をややこしくするだけなのでここでは紹介しませんが、対象となるもの（電子など）が置かれた状況によって変わります。

シュレディンガー

たとえば電子の波としての性質を知りたいとします（強調しておきますが、電子でなくてもどんな粒子でも波としての性質があるので、その波を考えるときも以下と同じように解析を進めます）。そのためにシュレディンガー方程式を解かなければなりませんが、その方程式自体、電子の

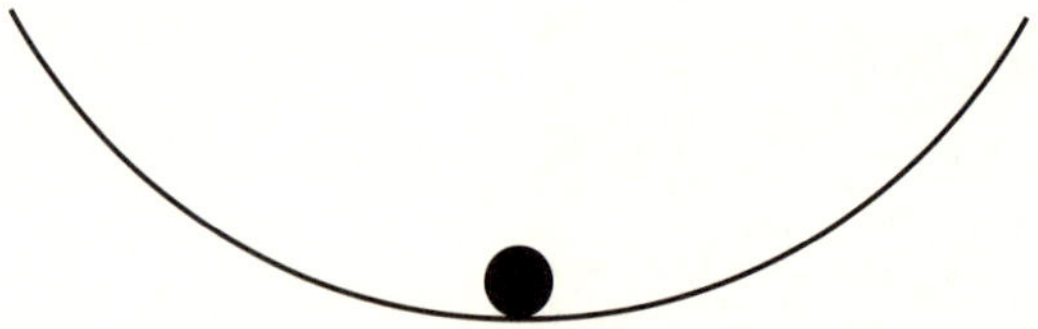

図3-2　谷底にいる電子

置かれた状況によって異なるので、最初にその電子がどのような状況に置かれているかを考える必要があります。電子が何もない真空中にぽつんと存在しているのか、あるいは何か容器のようなものの中に閉じ込められているのか、重力を感じているのか、磁場や電場がかけられているのかなど、さまざまな状況が考えられます。電子が置かれた環境に関する情報をすべてシュレディンガー方程式に取り込めば、方程式としては完成です。後は解くだけとなりますが、シュレディンガー方程式は微分を含んだ式であり、一般には簡単に解けません。数学的に厳密に解けるのは一部のケースにかぎられ、ほとんどの場合は、近似的に解くか、コンピューターを駆使して解くしかありません。

とはいえ、いかに解くかは数学の問題です。物理の役目としては、まずは粒子が置かれた状況を表現するシュレディンガー方程式を書き下すことです。その後は数学の力を借りてそれを（近似的にせよ）解いて波動関数を求めますが、その波動関数が何を意味するかを解釈する段階になって、ふたたび物理的思考が求められます。

物理学を専攻する学生は、あるところで量子力学を学ぶことになります

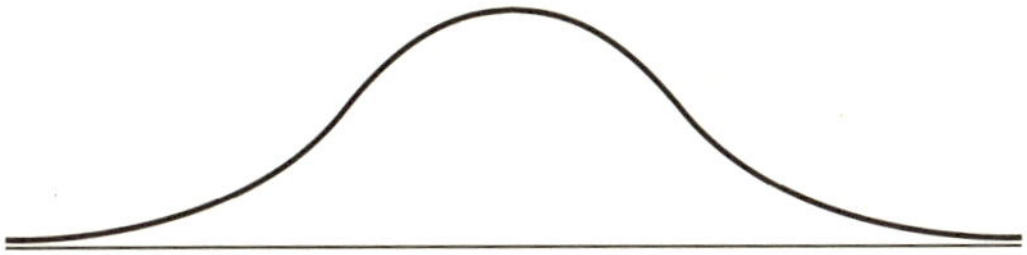

図3-3　電子の波動関数

が、当然シュレディンガー方程式を避けて通ることはできず、みんな悪戦苦闘しながら方程式を考え、解き、波動関数を求めます。多くの学生にとって、シュレディンガー方程式は量子力学の代名詞のような存在になっているのではないでしょうか。宴会芸（といっては発案者に失礼ですが）として「シュレディンガー音頭」なるものも考案されているほど、物理関係者にとってシュレディンガー方程式はとても愛着のある方程式なのです。ただし現在では、シュレディンガー方程式を経由しないで最終的に同じ結論に至る別の道筋もいくつか考え出されており、考える状況に応じて最適と思われる手段で問題に取り組んでいます。

ここでひとつの簡単な例を考えましょう。電子が図3－2のような谷底にあるとします。この図では電子は粒子として描かれていますが、じつはそれが波としての姿を持っていることは、すでにご存じの通りです。その姿を明らかにするため、電子が置かれた状況に合わせてシュレディンガー方程式の形を設定し、方程式を厳密にあるいは近似的に、またはコンピューターで解きます。その結果、図3－3のような波動関数が得られたとしましょう。

この形から何を読み取ればよいのでしょうか。すでに前章の最後に説明したように、量子力学では、波の振幅の大きいところは、観測したときにその場所で電子が見つかる確率が高いとしています。より具体的にいうと、

波動関数を2乗したものが粒子の存在確率を表す

と表現されます。つまりこの図の関数を2乗するのですが、この関数の場合、中央が大きな値で、端に行くと小さくなるという傾向は、2乗しても変わりませんね。つまりこの波動関数で表される電子は、中央付近すなわち谷の一番深いところで観測される可能性が一番高く、端の方すなわち谷の壁面の上の方ではほとんど観測されないということになります。

電子が粒子であれば、静止しているかぎり、谷底でじっとしているはずです。つまり谷底で観測される確率が100%で、斜面にとどまっていることはありません。これは量子力学を考慮しない古典的な考え方です。ところが量子力学はそれが正しくないと主張しています。電子は波としての性質を持っており、その波が図3-3の形をしているということは、電子を何らかの測定器で観測したときに、必ずしも谷底で見つかるとはかぎらないというわけです。もちろん粒子の場合と同様に、谷底で発見される確率は一番高いのですが、斜面の途中で見つかる可能性もゼロではないのです。このことだけを見ても、量子力学がもたらす結論の不思議さが垣間見られるこ

と思います。

複数だからこそおもしろい

ここからがこの本の本題といってもいいところです。これまでの話は、量子力学で1つの粒子を扱う場合に絞られていました。ところが、世の中に1つだけしかない粒子など存在しません。宇宙の中には、数の差はあれ、同じ種類の粒子がたくさん存在しています。そのため、実際問題として、目の前の対象物の振る舞いを量子力学的に解明するとき、複数の粒子を扱わなければならないことがほとんどです。そこで今、目の前にいくつかの粒子（便宜上粒子と呼びますが、もちろん波としての性質があります）があるとしましょう。その性質を調べる場合、やはりそれら複数の粒子に関するシュレディンガー方程式を解く必要があります。粒子が1つしかないときと比べて、より複雑さが増し、厳密に解くことが困難になります。しかし方程式をいかに解くかは数学の問題となるので、ここでは何らかの方法でシュレディンガー方程式が解けて、波動関数の形がわかったとしましょう。

1つの粒子の場合、波動関数はたとえば図3-3のようになりますが、この図の横軸は位置を表しています。波の振幅（正確には波動関数を2乗したもの）が大きい位置では、そこで粒子が見つかる確率が高く、振幅が小さい位置では、そこで粒子が見つかる確率が小さいということは先ほど述べた通りです。

2つの粒子の場合、波動関数を絵に描くのが難しくなりますが、1つの粒子の波動関数がその粒子の位置座標の関数であったように、2つの粒子の波動関数は、その2つの粒子の座標の関数となります。以下、少し数学的表記を使いますが、本書ではほとんどここにしか現れないので(しかも数学的表記を使った方が圧倒的にわかりやすいので)、ここは我慢してお付き合いください。

一般に、xの関数を$f(x)$と書きますね。図3-3は、位置座標xの関数$f(x)$をグラフに表したものだと見ることもできます。粒子が2つある場合は、1つ目の粒子の座標をx_1、2つ目の粒子の座標をx_2と書くとすると、それらの座標の関数は、一般に$f(x_1, x_2)$と書け、2粒子の波動関数もこの形になるわけです。関数fの具体的な形は、1粒子の場合同様、粒子が置かれた状況によって異なります。そしてその波動関数の物理的意味も1粒子の波動関数と同じように考えることができ、1つ目の粒子が位置x_1に見つかり、2つ目の粒子が位置x_2に見つかる確率が$f(x_1, x_2)$の2乗で計算されるのです。

ところで、なぜ複数の粒子をここで扱おうとしているのでしょうか。それは、1つの粒子と2つの粒子には決定的な違いがあり、粒子が複数存在していると、粒子を**入れ替える**ことが可能になるのです。だからどうしたと思われそうですが、世界の粒子を2種類に分ける上で、これが大きな意味を持つことはこれから明らかになっていくでしょう。

粒子に背番号はない

粒子の入れ替えの話に入る前に、量子力学の根本原理のひとつに、

同じ種類の粒子に背番号はない

という概念があります。これはどういうことかというと、量子力学以前の考え方では、たとえば野球のボールが2つ飛んできて、空中でぶつかり、それぞれ跳ね返っていったとき、どちらのボールがどちらに跳ね返ったかがはっきりしています。

図3-4を見てください。1と2のボールが衝突し、1は左に戻り、2は右に戻っていきます。もしかしたら衝突せずにそのまま1が右に進み、2が左に進むこともあるでしょうが、その場合と図の場合とは明らかに異なります。この衝突を遠くで見ている人からは、2つのボールの区別がつかず、衝突したのか、衝突せずにそのまま飛んでいったのかは、区別がつかないかもしれませんが、それは人間の能力として見分けがつかないというだけであって、このボールの運動を表す物理法則は、2つのボールを明確に区別しています。

ところが量子力学では、どちらがどちらのボールなのか、原理的にわからないのです。図3-

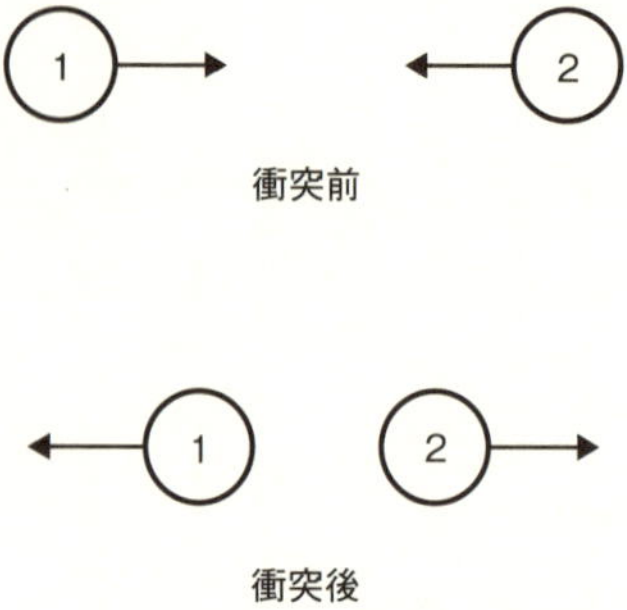

図3-4　2 つの粒子の衝突（量子力学以前のイメージ）

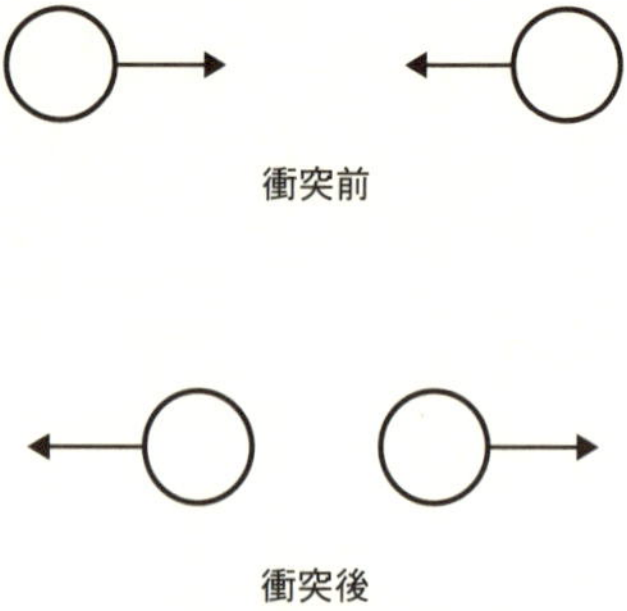

図3-5　2 つの粒子の衝突（量子力学のイメージ）

4の1と2の数字を消してしまった状況を想像してください（図3-5）。起きている現象は、たんに無印の2つのボールが飛んできて、その後2つのボールが遠ざかっていくというものです。ボールに背番号がついていないので、どちらのボールがどちらに飛んでいったかはわからず、衝突が起きたのか、素通りしたのか、区別がつきません。

粒子の交換

さて、お膳立ては整いました。量子力学では、同じ種類の粒子は区別がつかないということ、そして2つの粒子を波として表すと、$f(x_1, x_2)$ という形の波動関数に書けることがわかりました。そしてこれもすでに説明したことですが、この波動関数の物理的意味は、1つ目の粒子が位置 x_1 に見つかり、2つ目の粒子が位置 x_2 に見つかる確率が $f(x_1, x_2)$ の2乗で表されるというものでした。

この知識をもとに、粒子の交換という作業を行ってみましょう。2つの粒子の位置を入れ替えるのです。すると、入れ替えた後の2つの粒子の波動関数は、$f(x_2, x_1)$ と書けるはずです（x_1 と x_2 が入れ替わっていることに注意してください）。そして、1つ目の粒子が位置 x_2 に見つかり、2つ目の粒子が位置 x_1 に見つかる確率が $f(x_2, x_1)$ の2乗で表されます。ところが2つの粒子は区別がつかないので、1つ目の粒子も2つ目の粒子も見かけはまったく同じです。つまり、どち

らが位置 x_1 にいて、どちらが位置 x_2 にいるのかという考え方は正しくなく、たんに2つの粒子が位置 x_1 と x_2 にいる確率が f の2乗だというだけです。それは交換する前でも後でも同じです。つまり、2つの粒子が位置 x_1 と x_2 にいる確率は、交換前は $f(x_1, x_2)$ の2乗、交換後は $f(x_2, x_1)$ の2乗であり、実際は交換しても交換しなくても背番号のない粒子に取ってみれば同じ状態なので、

$$[f(x_1, x_2)]^2 = [f(x_2, x_1)]^2$$

となります。2乗を外すと、

$$f(x_1, x_2) = \pm f(x_2, x_1)$$

と書けます。つまり、粒子を交換すると、波動関数の符号が変わる場合と変わらない場合の2通りがあるのです。

ボーズ粒子とフェルミ粒子

いよいよ粒子の分類です。波動関数がこの2通りのどちらの性質を示すかは、粒子の種類によります。

同じ種類の粒子を交換したとき、波動関数の符号が変わらない場合は、その粒子をボーズ粒子と呼び、符号が変わる場合は、その粒子をフェルミ粒子と呼ぶ

のです。なお、ボーズについては、「ボース」（濁点なし）と呼ぶこともあります。国内でも海外でも人によって呼び方が異なり、統一されていませんが、本書ではボーズと呼ぶことにします。

今の議論で、粒子の入れ替えに対して波動関数の符号は変わるか変わらないかのどちらかしかないので、世の中のあらゆる粒子は、ボーズ粒子かフェルミ粒子かのどちらかだということになります。この結論は、粒子が素粒子である必要はなく、どのような粒子でも成り立ちます。つまり世界の粒子はこの2種類に大別できるのです。ちなみに、ボーズとフェルミはそれぞれの粒子を研究した物理学者の名前であり、彼らの研究については、次の章でくわしくご紹介します。

とても簡単な議論から、すべての粒子は2種類に分類されるという驚くべき結論が出てきました。ただし、粒子の交換を議論するとき、同じ種類の粒子を交換することが重要なポイントです。異なる粒子同士を交換するときには、それらの粒子は見分けがつくので、「量子力学では粒子に背番号がない」という話が使えないからです。たとえば電子とクオークを2つずつ持ってきて、その位置を交換して波動関数を議論しても、そこからは何も学ぶべきことは出てきません。交換することに意味があるのは、同じ種類の粒子を持ってきて交換した場合だけなのです。

さて、この分類法を使うと、本書にこれまで登場した粒子はどちらの種類になるでしょう。図1-2で、物質を構成している素粒子を紹介しましたね。これらはいずれもフェルミ粒子であることが知られています。同じく第1章で紹介した、電磁気的な力を伝える粒子である光子は、ボーズ粒子に分類されます。その他の、力を媒介する粒子もボーズ粒子です。

では、たとえば誰かがあなたの目の前に1つの粒子を持ってきて、「これはボーズ粒子？　フェルミ粒子？」と尋ねたとしましょう。それはこれまで見たことのない粒子であり、しかも1つしか渡されていないので、「交換」して波動関数がどのように変わるかを確認することができません。それではその粒子がどちらに分類されるかを知ることはできないのでしょうか。じつは、交換によって波動関数の符号が変わるかどうかというのは、分類の判断基準のひとつにすぎません。ボーズ粒子とフェルミ粒子を判断する方法はほかにもあるのです。そのひとつが、手にした粒子の構造を調べることです。その粒子が素粒子であり、これ以上分割できないとなると厄介ですが、いくつかの素粒子が寄せ集まってできた粒子であれば、交換という作業を行わなくても、ボーズ粒子かフェルミ粒子かを判断できるのです。

たとえば、陽子や中性子は、素粒子であるクオークが3つ集まってできています。この陽子や中性子はフェルミ粒子でしょうか、ボーズ粒子でしょうか。あるいはもっと大きな粒子、たとえば野球のボールは、どちらの粒子に分類されるでしょうか。それでは、フェルミ粒子やボーズ粒子が複数個集まった集合体を1つの粒子とみなしたときの分類について、次に考えていきましょう。

粒子のかたまり

最初に、複数のフェルミ粒子がくっついて、1つのかたまりを作っている場合を考えます。たとえるなら、分子のようなイメージです。化学で習う分子とは違いますが、ここでは、このかたまりを分子と呼ぶことにしましょう。フェルミ粒子が集まってできたこの分子も1つの粒子とみなせるので、ボーズ粒子かフェルミ粒子のどちらかに分類されるはずです。私たちは現時点で、粒子の分類については2つの粒子の交換による方法しか知らないので、その基本となる方法で分類を考えることにします。

図3-6のように分子を2つ用意し、その位置を入れ替えたとします。分子を入れ替えるということは、その内部を見てみれば、それぞれの分子に入っているフェルミ粒子を入れ替えるということです。その分子がたとえば2つのフェルミ粒子からできているとすると、図3-7のようにそれらのフェルミ粒子を2回入れ替える作業が必要です。図では分子を構成する2つのフェルミ粒子を同等に描いていますが、実際はその2つは違う粒子でもかまいません。たとえば1つは電子でもう1つはクオークでもいいのです（どちらもフェルミ粒子です）。ただしもちろん先ほ

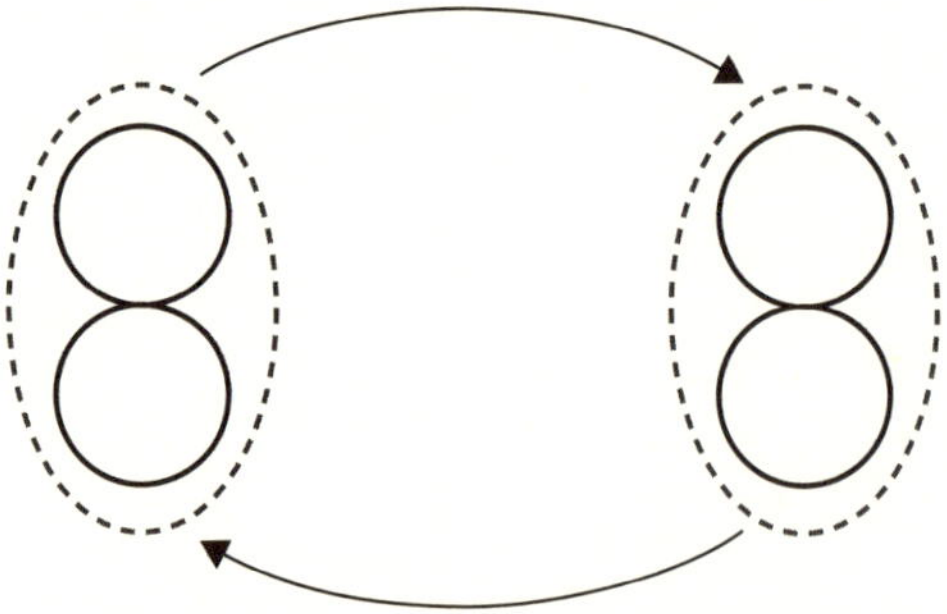

図3-6　２つのフェルミ粒子で構成される粒子（点線）の入れ替え

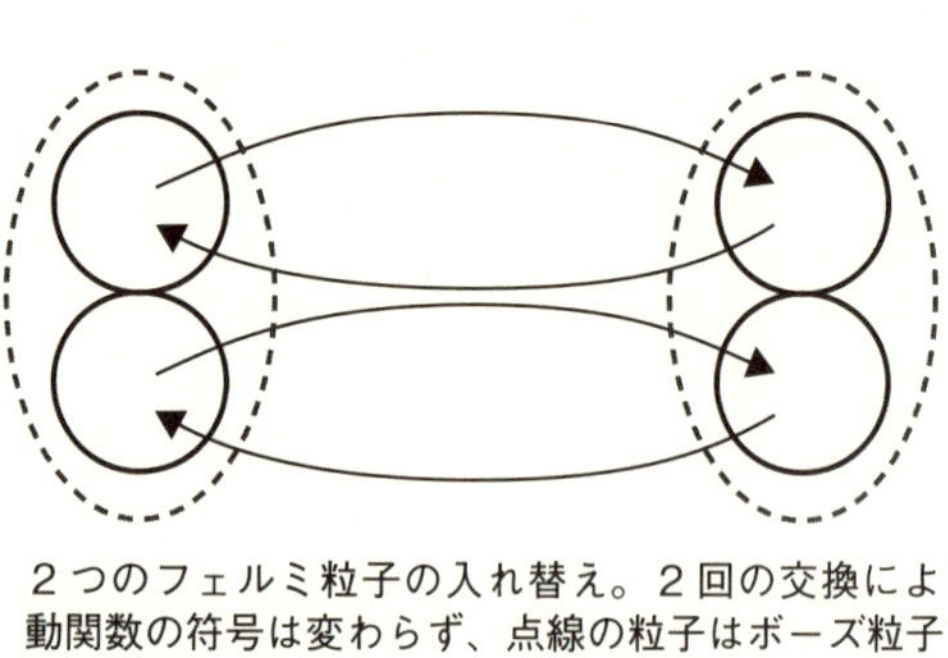

図3-7　２つのフェルミ粒子の入れ替え。２回の交換により、波動関数の符号は変わらず、点線の粒子はボーズ粒子であることがわかる

ど注意したように、交換するもの同士は同じ粒子でなければなりません。分子が電子とクォークからできているのであれば、電子は電子と、クォークはクォークと交換します。

さて、フェルミ粒子を入れ替えると、波動関数の符号が変わることはすでにお話ししました。まさにそれがフェルミ粒子の定義でした。今回の場合、フェルミ粒子を入れ替えるたびに波動関数の符号が変わるので、2回入れ替えるともとの符号に戻ります。つまり分子の交換により波動関数の符号は変わらない結果になるので、この分子は先ほどのルールによるとボーズ粒子に分類されます。すなわち、フェルミ粒子が2つ集まってできた粒子は、ボーズ粒子とみなせるのです。

この話を拡張するのは簡単です。フェルミ粒子が3つ集まってできた大きな粒子を交換する場合、それぞれのフェルミ粒子を1つずつ交換していき、合計3回交換することになるので、結果として波動関数の符号は変わります。つまりこの3つのフェルミ粒子が固まってできている粒子は、フェルミ粒子に分類されるのです。この議論を一般化すると、

フェルミ粒子が偶数個集まってできた大きな粒子はボーズ粒子であり、奇数個集まってできた大きな粒子はフェルミ粒子である

ということになります。これにより、先ほどの問題のひとつに答えることができます。陽子や中

性子は何粒子かという問題でしたが、どちらもクオーク（フェルミ粒子です）が3個集まってできている粒子なので、答えはフェルミ粒子です。より大きな粒子として、原子はどうでしょう。これは一般的には答えられません。原子は、陽子、中性子、電子からできていますが、それらが偶数個あるか奇数個あるかは、元素によっても同位体によっても異なるからです。実際、原子にはボーズ粒子の原子とフェルミ粒子の原子があります。では、野球のボールはどうでしょう。これも答えることができません。野球のボールは原子の集まりですが、その中にフェルミ粒子がいくつ入っているか誰にもわからないからです。いろいろな粒子が集まってできた複合的な粒子がボーズ粒子であるかフェルミ粒子であるかは、その中にいくつのフェルミ粒子が入っているかがわからないと答えられません。しかし逆にいえば、未知の粒子であっても、その内部構造がわかっていて、どのような素粒子から構成されているかが明らかになれば、今説明した規則にしたがってボーズ粒子かフェルミ粒子かがわかります。

なお、ボーズ粒子は、それがいくつ集まってもボーズ粒子であることには変わりがありません。いくら粒子を交換しても波動関数に影響がないからです。そのため、複合的な粒子がフェルミ粒子であるかボーズ粒子であるかについては、そこに含まれるフェルミ粒子の数だけが問題であり、ボーズ粒子の数は関係ありません。

以上の、「偶数個のフェルミ粒子は1つのボーズ粒子とみなせる」という話は、本書の後半で重要な意味を持つようになるので、頭の隅に入れておいてください。

粒子を重ねる——パウリの排他律

2つの粒子の入れ替えによる波動関数の符号の変化を表す次の式にふたたび注目しましょう。

$$f(x_1, x_2) = \pm f(x_2, x_1)$$

繰り返しになりますが、粒子の入れ替えによって波動関数の符号が変わらないという性質を持っているのがボーズ粒子で、符号が変わるのがフェルミ粒子です。ではここで、2つの粒子を近づけていき、同じ場所で重ねて置いたとしたらどうなるでしょう。x_1とx_2を同じ位置xにするのです。すると先ほどの式は

$$f(x, x) = \pm f(x, x)$$

となります。プラスの符号がボーズ粒子の場合、マイナス符号がフェルミ粒子の場合です。

まず、ボーズ粒子の場合について見てみましょう。2つのボーズ粒子を同じ場所に持ってきても、$f(x, x) = f(x, x)$という当たり前の式が得られるだけで、そこから何も新しい性質は導き出せません。逆に言えば、2つのボーズ粒子が同じ場所に重なることについて、それを禁じるような

制約はこの議論からは出てきません。

一方、フェルミ粒子にはおもしろい性質があることがこの式からわかります。フェルミ粒子の場合、右辺はマイナス符号ですが、右辺を左辺に移項して両辺を2で割ると、$f(x, x) = 0$となります。波動関数を2乗すると確率を表しますが、波動関数がゼロであればその2乗も当然ゼロです。すなわち、2つの粒子が同じ場所に来る確率がゼロであることを意味します。フェルミ粒子は同じ場所に来られないのです。これは、2つの粒子の間に反発する力が働いているから近寄れないという意味ではありません。原理的に複数のフェルミ粒子は同じ場所に来ることができないのです。

ここで先ほどと同じ注意をしておきます。同じ場所に来られないのは、同じ種類のフェルミ粒子の場合です。2つの電子は同じ場所に来られませんし、2つの陽子も同じ場所に来られません。しかし電子と陽子は、どちらもフェルミ粒子ではありますが違う粒子なので、同じ場所に来ることは可能です。

フェルミ粒子が同じ場所に来られないという制約は、たんに場所に関する制約だけではありません。これまで波動関数を場所あるいは位置の関数として書いてきましたが、一般にはいろいろな量の関数として書くことができます。たとえば速度の関数として書くこともできます。その場合、先ほどの議論からいえることは、複数のフェルミ粒子が同じ速度になることはない、という

ことです。これらの性質を一般的に表現すると、

複数のフェルミ粒子は同じ「状態」になることはない

といえます。同じ速度になったり同じ場所に来たりすることがないことを、同じ状態になることがないという言葉で表現したのです。

以上から、ボーズ粒子とフェルミ粒子は、２つの粒子の入れ替えを使わなくても、別の基準で分類が可能であることがわかります。すなわち、

複数の粒子が同じ状態になれるのがボーズ粒子、なれないのがフェルミ粒子

なのです。

複数のフェルミ粒子が１つの状態になることができないという制約を、**パウリの排他律**あるいはパウリの原理と呼びます。パウリは有名な物理学者なので、次章でくわしく紹介します。

パウリの排他律のすごさ

パウリの排他律は、考えれば考えるほど強い制約であることがわかります。たとえば電子はフェルミ粒子なので、パウリの排他律にしたがいます。金属の中には、無数といっていいほどの電

子が存在していますが、パウリの排他律によって、1つとしてほかの電子と同じ状態になっているものはないのです。重要なのは、これが、互いに力を及ぼし合って縄張り争いをした結果などではないという点です。電子はマイナスの電気を持っているので、電子同士には反発し合う力が働いていますが、電子が同じ状態にならないのはこの力のせいではありません。仮にそのような力がなくても、すべての電子が、互いに同じ状態にならないようにしているのです。

野球場にいるすべての観客がフェルミ粒子だとしましょう。パウリの原理が作用するので、全員が違う状態になっています。たとえばある人は一塁の選手を見ており、別の人はビールを飲んでいます。これは決して、「おれとは同じ状態になるなよ」とほかの人を威嚇した結果ではありません。ある人が、一塁の選手を見るのをやめてピッチャーを見始めたいとします。しかし球場内の誰かがすでにピッチャーを見ていたとしたら、その人と同じ行為をする（同じ状態になる）わけにはいかないので、一塁の選手を見続けるしかありません。ピッチャーを見ていた人がすぐ隣にいれば、「あ、ピッチャーを見ている人がいる。だめだ、一塁の選手を見続けよう」と気づくのも可能なことですが、ピッチャーを見ている人がフィールドの反対側にいようが、その人とは同じ行為をしないのです。遠く離れたところにいる人の振る舞いまで、すべての観客がわかっているのです。電子の話に戻せば、物質中の電子は、はるか遠くの見えないところにいる電子とも同じ状態にならないようにしているのです。

なぜそのようなことが可能なのでしょう。遠くにいる電子がどのような状態になっているかを、なぜほかの電子は知ることができるのでしょう。これが不思議に思えるのは、まだまだ古典的な発想から抜け出せていない証拠です。電子は決して昔ながらの粒子ではありません。波としての性質も持っています。つまり物質中のあらゆる電子は、波としてその物質内で広がっているのです。そのため電子の波は重なり合っています。このように考えると、遠くにいる電子、近くにいる電子、という考え方自体が適切ではないことがおわかりでしょう。どんなにたくさんの電子がいても、その波が重なり合っているかぎり、互いの状態を「感じ取る」ことができるため、ほかの電子とは違う状態を選ぶことが可能なのです。

ボーズ・アインシュタイン凝縮

フェルミ粒子の話ばかりをしていたので、今度はボーズ粒子の話をしましょう。先ほどまとめたように、ボーズ粒子の場合、複数の粒子が同じ状態になることが許されています。この事実からひとつの興味深い現象が予想されます。

たくさんのビー玉を、お椀の中に入れたとしましょう。そのビー玉はボーズ粒子だとします。つまり本物のビー玉と違い、幽霊のように互いをすり抜けたり重なって存在したりすることもできます。そんな幽霊ビー玉を、最初に1つだけお椀に入れます。そのビー玉はやがて動きを止め

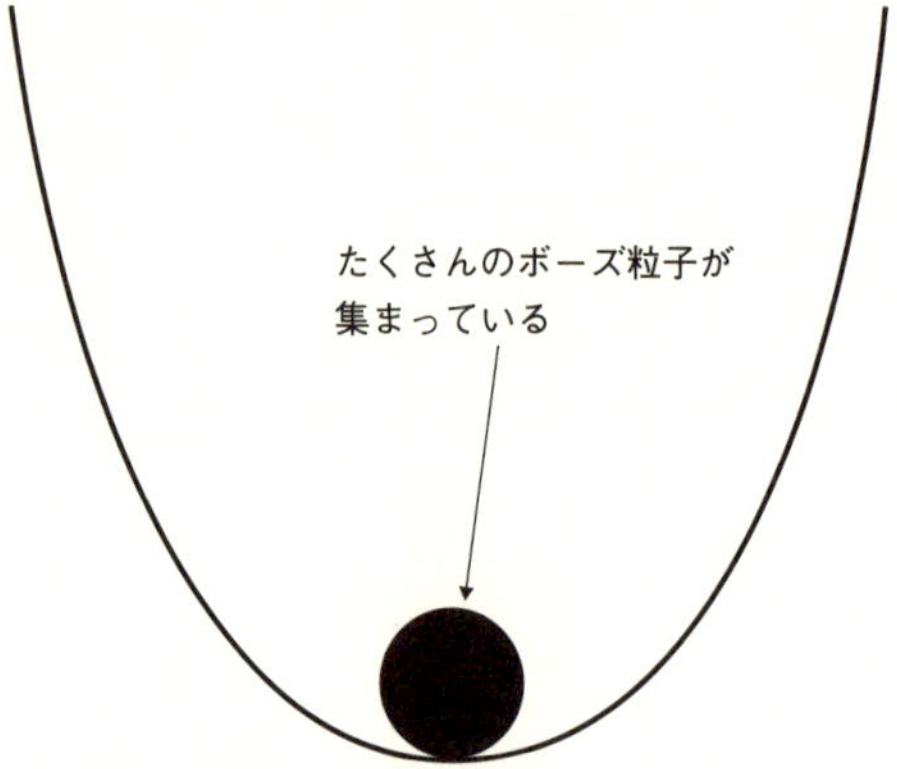

図3-8　お椀の底に幽霊ビー玉が集まったボーズ・アインシュタイン凝縮

てお椀の底で静止します。もう1つ入れましょう。幽霊ビー玉は重なることができるので、2つ目のビー玉は最初のビー玉と重なるようにして、お椀の底で静止します。3つ目のビー玉も同様です。結局、いくつ幽霊ビー玉を入れようとも、そのすべてがお椀の底で重なり合って静止します。フェルミ粒子と違って、ボーズ粒子はこのように全部が1ヵ所に重なり合うことができるのです。ただしこの見方は、ビー玉を粒子として扱っているので、やや古典的ですね。そこで、もう少し量子力学的に表現しましょう。

本章の最初の方で谷に粒子を入れる話をしました（図3-2）。そこで強調したように、実際にはこの幽霊ビー玉は波として広がっており、谷底の一点にいるわけではありません。最初にお椀に入れた幽霊ビー玉は、谷底付近で1つの波（たとえば図3-3のような形）として広がっています。幽霊ビー玉はボーズ粒子なので、２つ目以降の幽霊ビー玉も同じ状態、すなわち同じ形の波になることができます。このように、たくさんのボーズ粒子が同じ形の波になることを、**ボーズ・アインシュタイン凝縮**といいます（図3-8）。どうしてここで急にアインシュタインの名前が出てくるのかと思われるかもしれませんが、その経緯については次章で説明します。また、このボーズ・アインシュタイン凝縮が、本書の後半で説明する超流動という現象を生み出し、容器の中から液体が自ら這い出てくるなど奇妙なことが起こるのですが、その話はまた後のお楽しみとし、ここではとりあえずボーズ・アインシュタイン凝縮に話を絞ります。

ある粒子が波としての姿を現し、１つの形の波になっていることを、「ある粒子が１つの状態になっている」と表現することもあります。この表現を使ってボーズ・アインシュタイン凝縮をもう一度説明すると、

多数のボーズ粒子がどれも同じ状態になるのがボーズ・アインシュタイン凝縮

だということになります。強調しておきますが、ボーズ粒子はパウリの排他律の縛りを受けないので、すべてが異なる状態にならなければいけないということはありません。つまり基本的には、ボーズ粒子はそれぞれが勝手に好きな状態（好きな形の波）になることができます。逆にい

えば、すべてのボーズ粒子が同じ状態になることも禁止されていません。だからこそ、ボーズ・アインシュタイン凝縮が起こりうるのです。繰り返すと、ボーズ粒子はつねにボーズ・アインシュタイン凝縮しているわけではありません。バラバラな状態になることもできますし、ボーズ・アインシュタイン凝縮することもできるということです。

これに対しフェルミ粒子は、ボーズ・アインシュタイン凝縮を起こしません。わずか2つのフェルミ粒子ですら同じ状態になれないので、たくさんのフェルミ粒子が同じ状態になるなど、パウリの排他律が断固として許しません。

制約にがんじがらめにされたフェルミ粒子と違ってボーズ粒子には制約がなく、それぞれが好き勝手な状態になれます。野球場の観客の例でいえば、誰が何をしていようとも、自分はピッチャーを見たければ見られますし、ビールを飲みたければ飲めるのです。一方で、制約がないということは、すべてのボーズ粒子が同じ状態になることも可能であり、それがボーズ・アインシュタイン凝縮です。観客たちが全員で同じことをすることができるので、みんないっせいにトイレに行ったり、同時に右手で頭をかいたりすることもあるでしょう。そう考えると、パウリの排他律にしたがってお互い違う状態になろうとするフェルミ粒子たちも、ボーズ・アインシュタイン凝縮してみんなと同じ状態になっているボーズ粒子たちも、ずいぶん奇妙な粒子たちです。

フェルミエネルギー

先ほど、1つの波を状態という言葉で置き換えましたが、ここではわかりやすく、状態を「椅子」にたとえてみます。また、粒子を人間にたとえましょう。フェルミ粒子が同じ状態になることができないのは、1つの椅子に複数のフェルミ粒子の人間が座ることができないということになります。これに対してボーズ粒子の人間は、1つの椅子に何人でも座ることができます。パウリの排他律はこのように、「1つの椅子に座れるのは1人まで」というルールを意味します。このルールがあるために、フェルミ粒子の集団には、これから説明するフェルミエネルギーやフェルミ面という概念があります。物理学ではあちこちで出てくるこの概念は、本書の主題からは少し離れますが、せっかくなのでここで説明しておきましょう。

6階建てのビルの各フロアに4脚ずつ椅子があるとします。このビルにはエレベーターがないので、出口に近い下の階が社員に人気です。ここには全員で20人の社員がいるとして、各人が好きな椅子を選べるとします。みんな少しでも出入りに便利な低層階の椅子に座りたいので、1階から5階までの合計20席に人が座っており、6階には誰もいないことになります（図3-9）。社員はフェルミ粒子だとすると、同じ椅子（状態）に2人以上座ることはできません。たとえば上の階にいる人が下の階の座席に移りたいと思っても、すでに人が座っているため座れません（パウリの排他律という社則がそれを禁止しています）。もちろん本人同士が同意すれば、人の入

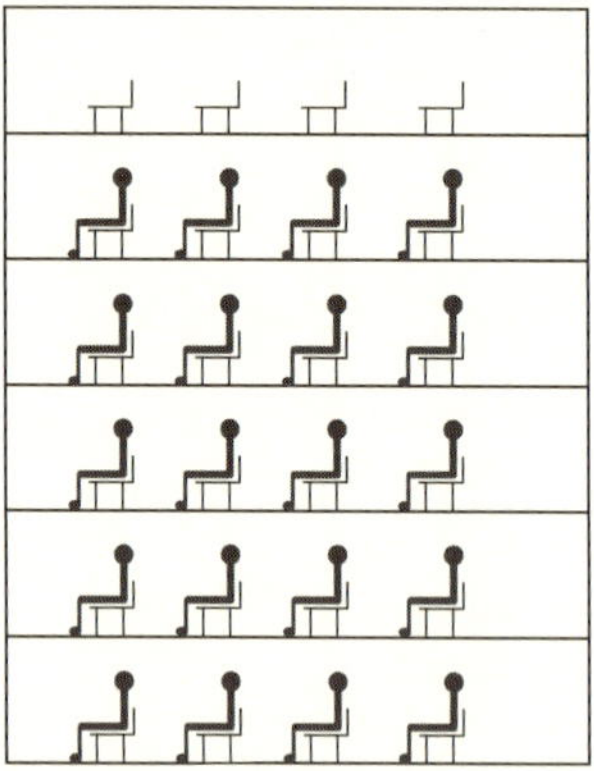

図3-9　5階まで椅子が埋まっている状態

れ替えは可能です。社員のコミュニケーションが取れているこの会社では、交換という方法でしょっちゅう座る場所は入れ替わっています。しかしそれでも1つの椅子に座るのは1人までという条件は満たされています。すなわち、実際には人の入れ替えがあるとはいえ、全体としてみれば、1階から5階までびっしり座席が埋まり、6階はがらがらという状況が続いています。

あるとき社長は考えました。

「6階に少し人を移動させよう。そうすれば、空席ができて、人の移動の自由度も増すだろう」

しかしみんな少しでも下の階にいたいので、自分から6階に移動してくれる人はいません。そこで社長は、上の階に移動した人にボーナスを出すことにしました。当然、移動する階数が多い人ほど高いボーナスを出す必要があります。しかしそのようなことに使え

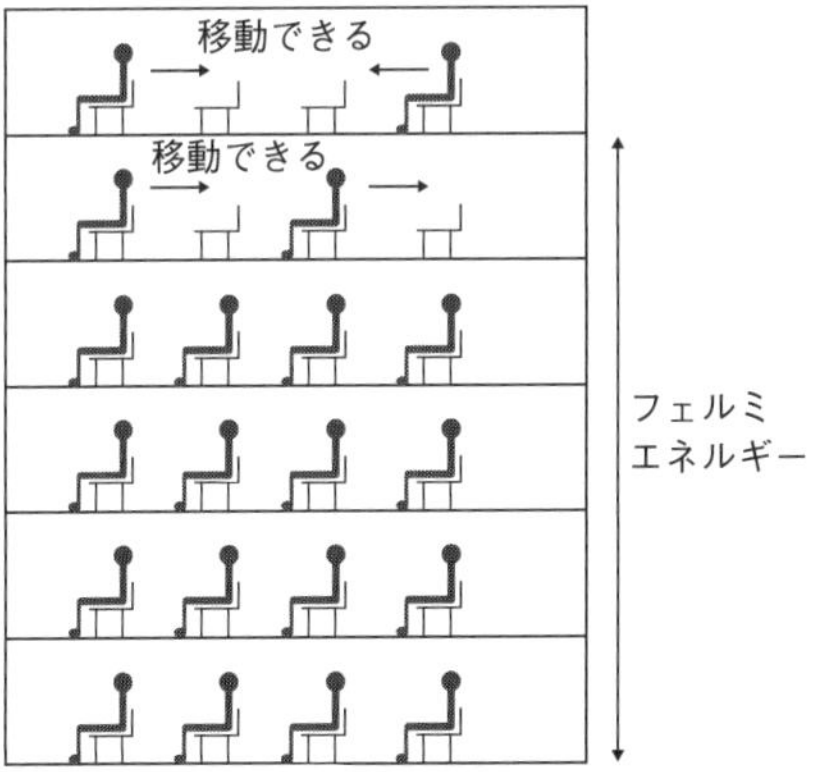

図3-10　5階にいた人の一部が6階に移動した状態

るお金はわずかしかありません。そのため、せいぜい5階にいる人の何人かを6階に移動させることしかできません。4階や3階の人、ましてや1階の人を6階に移動させるだけのお金はないのです。こうしてボーナスを出すことにより、5階にいくつかの空席ができ、そこに座っていた人たちは6階の椅子に座ることになりました（図3-10）。そのおかげで、6階では人はその日の気分で席を変えることができ、5階の人も同様です。それに比べて1階から4階までの人は、相変わらず自分の椅子に座り続けるか、ほかの人と相談して交換してもらうという手間をかけなければなりません。

　同じことが、金属の中の電子でも起きています。温度にはこれ以上は下げられないという下限の値があり、摂氏温度でいうとマイナス273・15℃です。これを絶対零度といいます。絶対零度では、電子は今のたとえでいうならば、1階から5階までの椅子に座っています。すべての椅子が埋まっているので身動きが取れません。社長のボーナスに相当するのは、金属の場合は外から与えられるエネルギーです。そのエネルギーの一番わかりやすい例が、外から与えられる「熱」です。絶対零度の金属に熱をわずかに加えて温度を少しだけ上げると、それはわずかなボーナスをもらったことに相当し、5階にいた電子の一部が6階に移動します。しかしその熱（ボーナス）はわずかなので、4階にいる電子は6階に移動しません。こうして、5階と6階では、電子が座席すなわち状態を自由に変われるようになります。

一部の電子とはいえ、自由に状態（=椅子）を変えることができるようになったのは大きな変化です。そしてその状態を変えられるようになった電子の数は、温度が高くなるほど（与えるボーナスが増えるほど）多くなっていきます。つまり金属は、絶対零度ではいろいろな制約が生まれますが、温度を上げるにつれて自由に動ける電子が増えて、さまざまな物理現象に活発に寄与するようになるのです。電子に関わるいろいろな測定量が、温度とともに大きくなることが多いのは、そこに関与できる電子の数が温度とともに増えてくることに起因するのです。

世の中のエレクトロニクスは、物質中の電子が大活躍することで成り立っています。エレクトロニクスは、電子の英語名である「エレクトロン」からきているので、いかに電子が主役を張っているかがおわかりでしょう。エレクトロニクスにおいては、これまで説明したような、電子が下から順番に詰まっているという概念がとても重要なポイントとなります。とくに、わずかな熱を与えただけの低温の状況では、ほとんどの電子が動くことができず、5階と6階にいる電子だけが動けるので、それらがエレクトロニクスにおいて中心的な役割を果たします。その「動ける電子」がいるのが5階と6階の境目を中心とした周辺領域です。そのため、この境目（先ほどのビルの図ではその境目が線になっていますが、実際には「面」ですね）には大切な意味があるため、物理学では「フェルミ面」という名前がつけられています。また、その境目の地面からの高さを「フェルミエネルギー」といいます。フェルミエネルギー付近にいる電子は、低温でいろいろな物理現象に関与しますが、それよりも低いところにいる電子は身動きが取れないので何もしないというわけです。

もちろんビルにいる社員の話はたとえ話であり、フェルミ面やフェルミエネルギーにはもっとしっかりとした定義がありますが、本書ではフェルミ面もフェルミエネルギーも今後の話にとくに必要としない概念なので（といっても、エレクトロニクス分野や、固体中の電子の振る舞いを知る上では、欠かせない重要な概念なので、名前だけ触れておきました）、これ以上深入りするのはやめておきましょう。

スピンによる粒子の分類

これまでお話ししていませんでしたが、粒子には「スピン」と呼ばれる性質があります。それぞれの粒子には、たとえば質量や電気量など、固有の特徴がありますが、これらに加えてスピンという特徴があるのです。じつはこのスピンは、ボーズ粒子とフェルミ粒子の分類に関係しています。そのため、少しスピンについて紹介することにしましょう。

スピンは、完全に量子力学的な量であり、突き詰めて考えるとなかなか理解が難しい量でもあります。ここでは単純に、小さな磁石のようなものとして考えることにします。それぞれの粒子にはこのミニ磁石が埋め込まれており、それをスピンだと思ってください。私たちが知っている身の回りの磁石（たとえば冷蔵庫に貼りつけるマグネットなど）は、ミクロに見てみると、内部の原子がスピンを持っており、しかもそのスピンすなわちミニ磁石が同じ方向を向いています。ミニ磁石がバラバラの方向を向いていると、物質全体として磁気を帯びることはありませんが、そろって一方向を向いていると、強い磁気が生じます。日常生活で使われている磁石は、内部の原子のスピンがそろった状態にある物質なのです。

ところでスピンには「大きさ」があります。大きさといっても、長さや太さなどのサイズのことを指しているのではなく、ミニ磁石のたとえでいうならば、そのミニ磁石の磁気の強さに相当するものです。本来量子力学的な量であるスピンの大きさには、ミニ磁石というたとえでは説明できない不思議な制約があります。それは、スピンの大きさは、ある量を単位として、その整数倍あるいは半整数倍の値しか取ることができないというものです。半整数とは、奇数を2で割った数（1／2、3／2、5／2……）です。このような不連続な値をとることは、量子力学で一般的に見られる特徴ですが、なぜそのような飛び飛びの値しかとれないのかは、本節から外れるのでここでは省略します。いずれにしても、「ある量」のことを無視すれば、スピンの大きさは整数や半整数で表すことができるのです。たとえば「大きさ1のスピンを持つ粒子」とか、「大きさ1／2のスピンを持つ粒子」などという言い方をします。

現在知られている素粒子のうち、フェルミ粒子（クオーク、電子など）は、すべて大きさ1／2のスピンを持っています。また、素粒子の中でボーズ粒子に分類されるもの（力を媒介する光子など）は大きさ1のスピンを持っています。ただし素粒子に質量を与える源となっているヒッグス粒子（ボーズ粒子に分類）は、スピンの大きさは0です。

素粒子が集まってできたより大きな粒子のスピンは、多様な値を取りますが、いずれにしても整数か半整数の大きさを持ちます。そのどちらであるかには、重要な規則があります。素粒子を含め、あらゆる粒子について、フェルミ粒子の持つスピンの大きさは半整数であり、ボーズ粒子の持つスピンの大きさは整数なのです。

こうしてまた、ボーズ粒子とフェルミ粒子を見分ける方法が見つかりました。最初の方法は、

表3-1　粒子の分類の基準

	同種の2つの粒子を入れ替えたときの波動関数の符号の変化	複合粒子の場合、内部に存在するフェルミ粒子の数	複数の粒子が同じ状態になることができるか	スピンの大きさ
ボーズ粒子	変化しない	偶数個	できる	整数 (0,1,2,3,…)
フェルミ粒子	符号が変わる	奇数個	できない (パウリの排他律)	半整数 ($\frac{1}{2}$,$\frac{3}{2}$,$\frac{5}{2}$,…)

粒子を入れ替えた場合の波動関数の符号を見ることで区別するというものでした。2つ目は、複数のフェルミ粒子やボーズ粒子が集まってできたかたまりを粒子として分類するとき、その中に含まれるフェルミ粒子の数から決める方法です。3つ目は、複数の粒子が同じ状態になれるかどうかで判定する方法でした。そして4つ目として、

スピンの大きさが整数の粒子がボーズ粒子、半整数の粒子がフェルミ粒子

とする分類方法が今回加わったのです（表3−1）。

最初の3つの分類法については、なぜそのように分類されるのかをある程度説明しましたが、この4つ目の分類法については、まだ説明していません。ボーズ粒子とフェルミ粒子が、それぞれ整数、半整数の大きさのスピンを持つことを理論的に示したのは、パウリの排他律でも名前が出てきたウォルフガング・パウリです。しかしその粒子の種類とスピンの大きさとの関係を導出するには、相対性

理論も巻き込んだ難しい理論が必要になるので、ここでは残念ながら割愛します。この点で私の力量不足を痛感しますが、ご容赦ください。これを簡単かつスマートに説明できるようになれば、また本を書きたいと思います。

例外の話——エニオン

本書では、世の中のすべての粒子はボーズ粒子とフェルミ粒子のどちらかに分類されるということを前提にお話をしています。ところが、それ以外の可能性もあることをこれまで隠してきました。しかしそれはとても限られた状況での可能性なので、実際にはそのようなことを考えなくても支障はありません。とはいえ、隠しているのも申し訳ありませんから、その可能性について簡単にここで触れておきましょう。やや数学的な話になって退屈するようであれば、この後の説明を読み飛ばしていただき、本章最後の節の「分類の意味」に進んでいただいてかまいません。

まず、物質を構成する粒子はボーズ粒子とフェルミ粒子のどちらかでしかないという結論には変わりはありません（もちろん繰り返しお話ししたように、物質を構成する「素」粒子は、フェルミ粒子です）。一方、これからお話しする粒子は、仮想的な粒子です。力を媒介する粒子でもなく、物質を構成する粒子でもありません。目の前に持ってきて、「さあ、これです」とお見せできるようなものでもありません。しかし物質の状態を物理学的に研究する上で、そこに粒子が

があります。波動関数$f(x)$の２乗は、粒子がxという場所にいる確率を表すと説明していました。ところが正確には、波動関数の「絶対値の２乗」が確率を表すのです。絶対値というところが重要です。波動関数が普通の数、すなわち実数であれば、絶対値を計算してから（すなわち、負の数であればマイナス記号を取り去ってから）２乗しても、そのまま２乗しても、結果は変わらないため、波動関数を実数と考えているかぎりは、たんなる２乗で話はすんでいました。しかし波動関数は複素数であることを明かしたので、たんなる２乗ではなく、絶対値の２乗という表現についても正確を期す必要があります。

ここで２つの粒子の入れ替えの話に戻ります。先ほどの$[f(x_1, x_2)]^2$と$[f(x_2, x_1)]^2$が等しいという話は、正確にいえば、波動関数の絶対値の２乗が等しい、すなわち$|f(x_1, x_2)|^2$と$|f(x_2, x_1)|^2$が等しいということになります。これは、座標軸を使って表すと、$f(x_1, x_2)$という複素数を表す点と、$f(x_2, x_1)$を表す点が、原点からの距離が同じだということを意味します。

これを先ほどの図の例で見てみましょう。ある種類の粒子が２つあり、その波動関数$f(x_1, x_2)$の値が(4.0, 3.0)であり、粒子を入れ替えた波動関数の$f(x_2, x_1)$の値が(-3.0, 4.0)だとします。後者は平面上の左側の点です。原点からの距離はどちらも５・０なので、確かに粒子を入れ替えても波動関数の絶対値の２乗は等しくなっています。しかし、原点からの距離は同じでも、原点から見て違う方向に２つの点は存在しています。簡単にわかることですが、原点からそれぞれの点を見たときの角度の差は、90度です。つまり粒子の入れ替えをした波動関数は、もとの波動関数に比べて、原点からの距離は変わらないものの、角度が90度変わったのです。すなわちこの例で考えた種類の粒子は、入れ替えによって波動関数の値が90度回転する性質を持ちます。別の粒子では、この角度が別の値になるでしょう。角度はいくらでも考えられるので、粒子の種類はボーズ粒子とフェルミ粒子の2種類どころか、無限にあることになります。このような、ボーズ粒子とフェルミ粒子以外の粒子を「エニオン」と呼びます。

エニオンは2次元空間だけ

ところが、エニオンは2次元空間にしか存在せず、3次元空間には存在しません。その理由を次にお話ししましょう。

ここまでは、たんに粒子を入れ替えるという言い方しかしませんでしたが、入れ替え方にもいろいろあります。そこで、粒子を入れ替える経路を考えます。たとえば紙の上で2つの粒子の位置を入れ替える場合、図3-12のように、右回りと左回りの2通りの経路が考えられます。大回りでするか、ほぼ直線的に入れ替えるかなど、経路の長さは今は重要ではありません。先の図は、入れ替えによって波動関数の値（複素数）が90度回転していました。これは右回りの経路に沿って入れ替えた場合だとします。

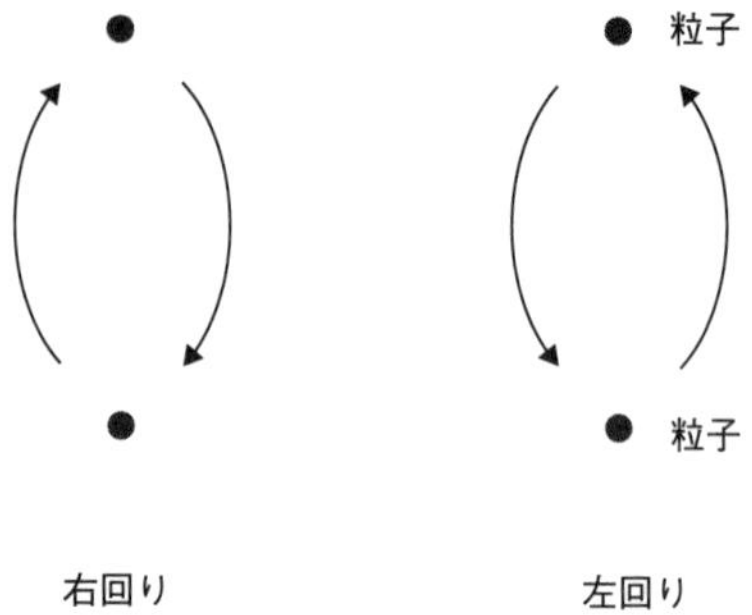

図3-12 平面上で2つの粒子を入れ替える経路は2種類ある

それでは左回りの経路で入れ替えたらどうなるかというと、波動関数の値はマイナス90度回転するのです。なぜマイナスの回転角になるのかは、細かい説明が必要になるので、ここでは省略します。とにかく大切なことは、粒子を右回りに入れ替えたときと、左回りで入れ替えたときとで、波動関数の値を表す点の位置は、一方がプラスの角度で変化し、もう一方はマイナスの角度で変化するのです。2つの粒子の入れ替えを紙の上で考えているかぎりは、すなわち2次元空間で考えているかぎりは、今の説明に矛盾点はなく、エニオンを否定することはできません。

ところが3次元になると、話はがらりと変わります。3次元空間でも右回りに交換する場合と左回りに交換する場合があるだろうと思われるかもしれません。しかし3次元空間では、どちらの入れ替え方

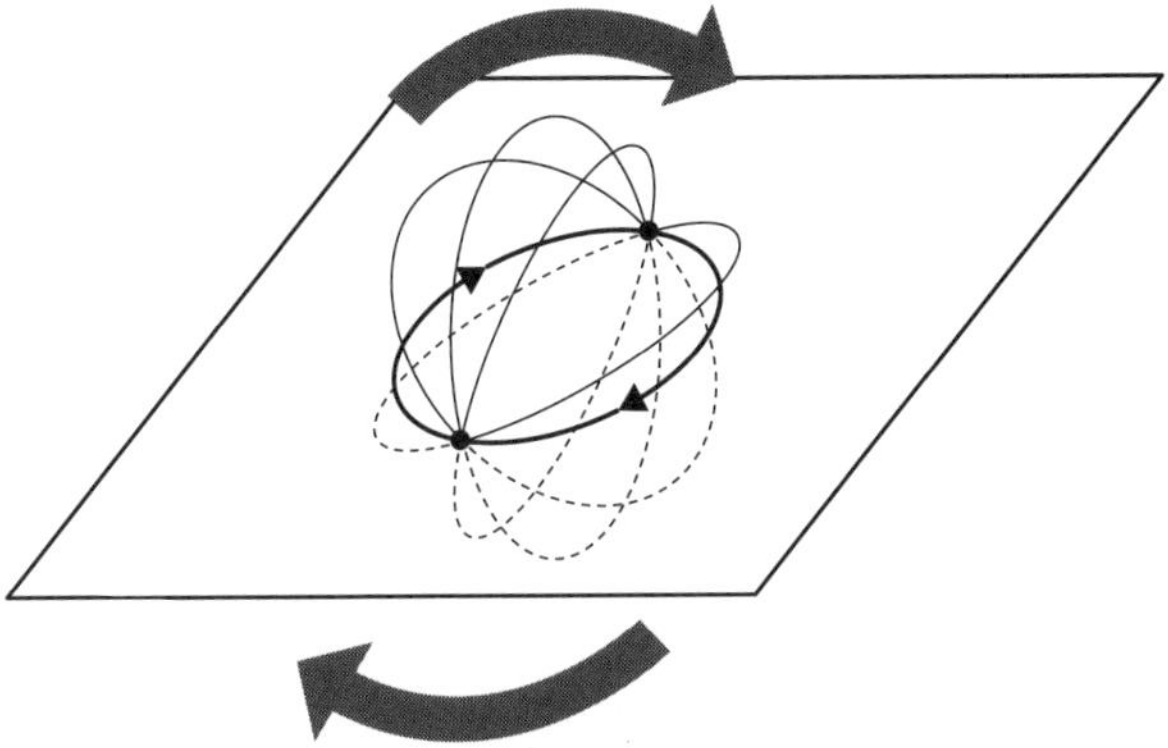

図3-13　平面における入れ替え経路を徐々に3次元空間中に持ち上げていく

も等しいのです。それは入れ替える経路を徐々に動かしていけばわかります。たとえば右回りの経路を図3－13のように3次元空間の中に少しずつ持ち上げていくと、やがて反対側の左回りの経路に重なることがわかります。2つの経路は互いに連続的に移り変わることができるのです。もし両者の経路が本質的に異なるのであれば、徐々に経路を変形していくうちにどこかではっきりとした切り替わり点があるはずですが、そんなものはありません。右回りも左回りもじつは同じ経路なのです。一方で2次元空間では、その2つは明確に区別されます。3次元空間中に持ち上げるということができないからです。右回りはいくら変形しても右回りのままですし、左回りも同様です。

さて、3次元空間では、右回りに粒子を入れ替えた場合と左回りで入れ替えた場合は同じであることがわかりました。これは右回りで入れ替えたときの波動関数の回転角と、左回りで入れ替えたときの波動関数の回転角が等しいことを意味します。先ほどの例の、入れ替えによって一方は90度、もう一方はマイナス90度だけ波動関数の値が回転する場合、両者は当然等しくありません。つまり3次元空間では、粒子の入れ替えによって90度の回転角が生じることはありえません。許されるのは、入れ替えによる回転角が0度の場合と180度の場合だけです（180度とマイナス180度は同じ角度ですから）。回転角が0度というのは、粒子の入れ替えによって波動関数が変化しない、すなわちボーズ粒子であることを意味します。また、180度の場合は、たとえば(3.0, 4.0)の点が粒子の入れ替えにより(-3.0, -4.0)の点に来るわけであり、それは波動関数の符号が単純に変わっただけなので、フェルミ粒子に相当します。つまり、3次元空間で許される粒子の種類は、ボーズ粒子とフェルミ粒子だけなのです。

分類の意味

さて、ここまであらゆる粒子がボーズ粒子またはフェルミ粒子に分類されることを説明してきました。では、その分類にどのような意味があるのでしょうか。たとえば電子がフェルミ粒子だからといって、何がわかったことになるのでしょう。

分類に意味があるのは、ボーズ粒子とフェルミ粒子には、それぞれ共通する性質があるからです。この分類がなければ、電子の研究をしてわかったことは、あくまでも電子にしか適用できない結果です。しかしそれがフェルミ粒子に共通の性質であれば、電子以外の粒子にも当てはまる性質を理解したことになり、より一般性の高い結論が得られるのです。物理学者は、このように特定の対象だけでなく、広く成り立つような結論が好きなのです。

ボーズ粒子とフェルミ粒子に共通の性質や、共通して現れる現象については、第5章以降でお話しします。その前に次の第4章では、ボーズ粒子とフェルミ粒子に分類するという概念を作り上げていった量子力学の天才たちと、その経緯についてご紹介します。その名の由来となったボーズとフェルミ、そして同時期に研究を深めた物理学者たちの話です。人物を知ることで、そこから得られた理論や概念にも、より愛着がわくというものです。少なくとも私はそう考えているので、しばらく人物伝にお付き合いください。

第 4 章

量子力学の天才たち

量子力学創始期の天才たち

前章までに、あらゆる粒子はボーズ粒子とフェルミ粒子に分類されることを説明しました。どちらもそれぞれを研究した物理学者ボーズとフェルミの名前に由来していますが、この分類においてはボーズとフェルミの2人だけが主役ではありません。この分類が研究されていたのは20世紀初頭のことです。それは量子力学の創始期でもあります。相対性理論がほぼアインシュタインのみで打ち立てられたのに対し、量子力学は当時の物理学者たちが協力して組み立てた理論です。しかもそういうときにかぎってとんでもない天才が立て続けに現れ、こぞって量子力学の研究をしたのです。人類にとって幸運なことでした。

本章では、ボーズ粒子とフェルミ粒子という概念に深い関係のある物理学者たちをご紹介し、この概念の発見の歴史的経緯について説明していきます。

ボーズと黒体放射

ボーズ粒子の概念の出発点は、インドの物理学者サティエンドラ・ボーズ（1894〜1974）に遡ります。インドのカルカッタに生まれたボーズは、カルカッタのプレジデンシー大学をトップの成績で卒業した後、22歳でカルカッタ大学の講師になります。そして27歳で現在のバングラディシュに新しく創設されたダッカ大学の物理学科に着任しました。

30歳のとき、ボーズはある重要な論文を書きます。当時すでに知られていた黒体放射に対するプランク理論について、量子力学の視点から検討したものでした。ボーズの理論の説明の前に、まずはこの黒体放射の話を少ししておきましょう。

ボーズ

放射とは

話が急に飛ぶようですが、熱が伝わる過程には、大きく分けて次の3種類があることはよく知られています。

・伝導
・対流
・放射

伝導（熱伝導）は、熱を伝える媒体があり、その中を熱が伝わっていくことを指しています。対流は、鍋の中のお湯が底から沸き上がってくるように、物体そのものが移動することで熱を運ぶ過程を指します。3つめの放射（熱放射）は、熱を持った物体から電磁波が発せられ、その受け手に熱が伝わるという仕組みです。たとえば日光を浴びると暖かく感じるのも、放射によるものです。

ここでは放射に注目しましょう。いろいろな物体が電磁波の形で熱を放射していますが、そのような熱放射している物体の中に、理論的に考えられている仮想的な物体として「黒体」というものがあります。黒体は、文字通り真っ黒な物体です。ご存じのように、物体が人の目に見えるという現象は、物体に光が当たり、一部の波長の光は吸収され、残りの波長の光が反射されて目に届くことで、私たちは物体を見ることができます。そして反射されて目に届いた光の波長によって、その物体の色を認識します。赤い物体は赤に相当する波長の光を反射する傾向が強い物体だといえます。

すべての電磁波を吸収する物体

ある特殊な物体に光を当てたところ、それをすべて吸収してしまい、まったく反射しなかったとします。光が跳ね返ってこないので、その物体は当然目に見えません。目に見えないという意味は、透明ということではなく、視界の中でその物体のところだけ真っ黒になるということです。さらに、光は電磁波の一種ですが、この物体は光だけでなくすべての電磁波を吸収してしまう性質があるとしましょう。実際にはそのような物体は存在しませんが、理論的には昔から考えられており、黒体という名で呼ばれています。

黒体を実際に作ることはできませんが、似たような物を作ることなら可能です。それは「空洞」です。空洞のたとえとして、山の中の洞窟を想像してみましょう。この洞窟は出口がふさがれており、完全な空洞の状態になっているとします。この洞窟に外からわずかな穴を開けたとします。その穴から外の光がほんの少しだけ入ったとしたら、どうなるでしょう。その光は洞窟の中に差し込みますが、一部は壁に吸収され、一部は反射されます。しかし穴の大きさは極めて小さいため、反射された光が穴の位置に正確に戻ってくることは不可能です。そのため反射された光は壁の別の場所に当たり、そこでまた一部が吸収されて一部が反射されます。その繰り返しを経て、いずれ光はすべて壁に吸収されてしまうでしょう。したがってこの空洞は、当てた光（そして電磁波）をすべて吸収してしまうという黒体の条件を満たしています。

黒体放射

黒体は、物体なので熱を持つことができます。そのため、電磁波を反射しない黒体とはいえ、先ほど述べた放射の性質を持っています。持っている熱に応じて、電磁波を発することができるのです。このような黒体による熱放射を、「黒体放射」といいます（あるいは空洞を黒体に見立てる場合は、空洞放射といいます）。

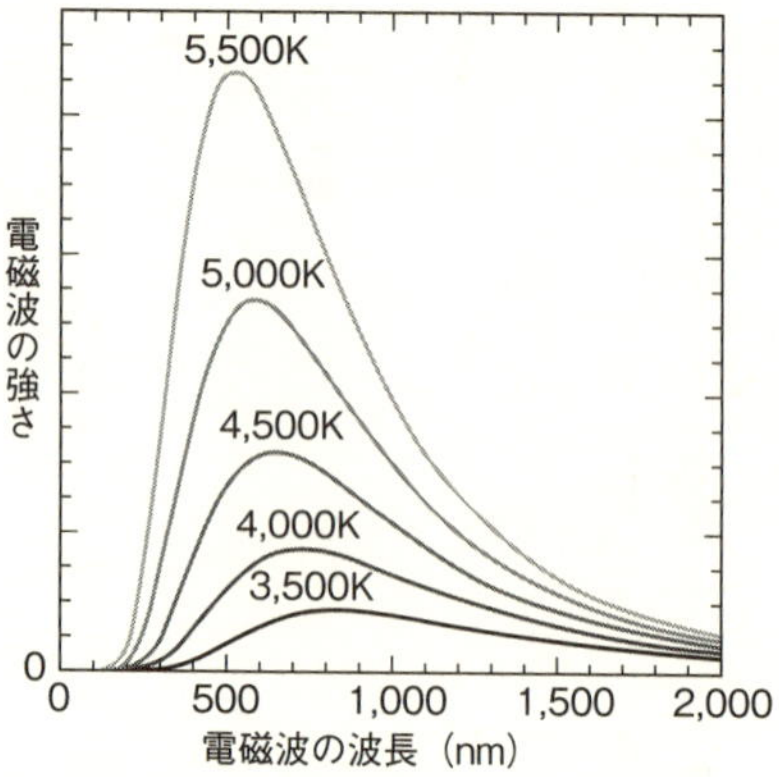

図4-1　黒体放射のスペクトル

19世紀中頃、プロイセンのグスタフ・キルヒホフ（1824〜1887）は、黒体放射（空洞放射）により出てくる電磁波について実験的にくわしく調べていました。どのような波長の電磁波がどの程度強く出てくるかを表すグラフをスペクトルといいますが、通常の物体の場合、スペクトルは物体ごとに異なります。ところが黒体の場合、それがどのような黒体あるいは空洞であろうと、つねにスペクトルは同じ形のグラフになることをキルヒホフは発見しました。そして唯一スペクトルが変化するのが、黒体の温度を変えたときでした。つまり、黒体のスペクトルは温度だけでグラフの形が決まるというわけです。通常、物体が熱放射するとき、そのスペクトルは物体の温度だけでなく、さまざまな要因でその形が決まります。黒体放射の場合は温度だけで形が決まるというのは、当時非常に驚きをもって受け止められました。

プランクの量子仮説

この黒体放射のスペクトルに対し、ドイツ人物理学者のマックス・プランク（1858〜1947）がある理論式を提案しました。1900年のことです。これは、黒体放射のスペクトルを完全に再現できる式でしたが、その式を導き出す上で、プランクは驚くべき仮定をしました。それはその後発展する量子力学の出発点となる仮定でした。

その仮定とは、

プランク

光のエネルギーはある最小単位の整数倍の値しか取れない

というものです。これは一見とても不思議な仮定です。たとえばボールを投げると、ボールはある速さで飛んでいきますが、そのときボールは運動エネルギーというエネルギーを持ちます。運動エネルギーは、速度の2乗に比例するので、ボールの速さをほんのわずかだけ増やせば、運動エネルギーもほんのわずかだけ増えます。増える量に最小単位などなく、いくらでも少ない量だけ増やすことが可能です。しかしプランクは、光のエネルギーは飛び飛びの値しか取れないと言い出したのです。この突拍子もない仮説（「量子仮説」と呼ばれます）がなぜ正しいのかはプランク自身も当時理解していませんでしたが、いずれにしてもこれを仮定することで、黒体放射のスペクトルが説明できることが明らかになったのです。プランクはこの業績により、後にノーベル物理学賞を受賞しています。

プランクが仮定したのは、光のエネルギーはある最小単位の整数倍で表されるというものでした。その最小単位は、光の波長λと光速cを使い、hc/λと表されます。ここでhはプランク定数と呼ばれ、現代物理学の中でも、もっとも基本的な定数のひとつとして知られています。

ボーズとアインシュタイン

さて、話をボーズの研究に戻しましょう。ボーズがダッカ大学にいるとき、プランクの黒体放射の理論を別の視点から導き出したということはすでに書きました。それはどのような視点かというと、プランクの理論を完全に量子力学に沿って導出するというものです。

プランクの量子仮説は革命的でしたが、黒体放射のスペクトルを計算するときには古典的な物理学の手法に沿っていました。これに対しボーズは、最初から最後まで、当時発展してきた量子力学の考え方に基づいて、黒体放射のスペクトルを説明づけたのです。光を粒子の集まりとみな

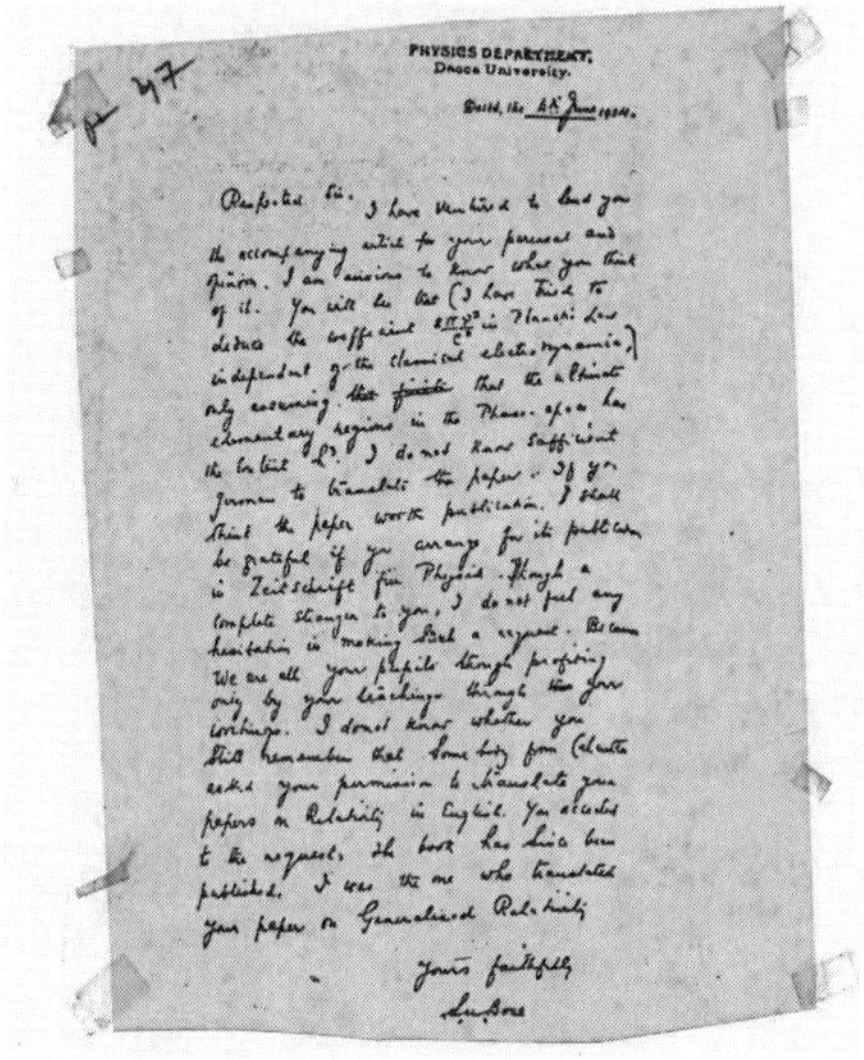
p 47

PHYSICS DEPARTMENT,
Dacca University.

Dated, the 4th June 1924.

Respected Sir, I have ventured to send you the accompanying article for your perusal and opinion. I am anxious to know what you think of it. You will see that I have tried to deduce the coefficient $\frac{8\pi\nu^2}{c^3}$ in Planck's Law independent of the classical electrodynamics, only assuming that the ultimate elementary regions in the Phase-space has the content h^3. I do not know sufficient German to translate the paper. If you think the paper worth publication I shall be grateful if you arrange for its publication in Zeitschrift für Physik. Though a complete stranger to you, I do not feel any hesitation in making such a request. Because we are all your pupils though profiting only by your teachings through your writings. I do not know whether you still remember that somebody from Calcutta asked your permission to translate your papers on Relativity in English. You acceded to the request. The book has since been published. I was the one who translated your paper on Generalised Relativity.

Yours faithfully
S N Bose

ボーズの手紙

し、しかもその粒子は古典力学で考える粒子と違って、区別がつかないものであるとの概念も取り入れた上で、プランクと同じ結論を得たのです。

　１９００年にプランクが光のエネルギーを飛び飛びだと仮定する量子仮説を提案しましたが、そのときはまだ量子力学はもちろんのこと、光が粒子であるとも信じられていなかった時代でした。しかしその数年後の１９０５年に、アインシュタインが光電効果を説明する上で、光が粒子であることを仮定する光量子仮説を提案しました。これにより、いっきに量子力学が発展していきます。ボーズがその量子力学を使って、再度プランクの理論を構築し直したのは、当然の流れといえるかもしれません。

ボーズの論文は、最初自ら投稿した論文雑誌から掲載を断られてしまいます。内容が先進的すぎたからかもしれません。そこでボーズは、アインシュタインに助けを求めるのです。じつはボーズは、ドイツ語で書かれたアインシュタインの相対性理論の本を英語に訳して出版したことがありました。そのときにアインシュタインに英訳の許可をもらっていたのですが、そのツテを頼ったのです。

ボーズがアインシュタインに送った手紙が残っています。そこには、論文を送るのでそれをドイツの論文雑誌から出版されるよう、便宜を図ってほしい旨が書かれています。最後には、「カルカッタのある人物が、あなたの相対性理論の論文を英語に訳す許可を求めたことを、ご記憶でしょうか。あなたはその求めに応じてくれました。その後、本は出版されました。一般相対性理論の論文を訳したのは、私なのです」とあり、あなたの本を訳したのは私ですよ、どうか、手を貸してください、という藁にもすがる様子が見て取れます。

幸い、アインシュタインは快くこの要求を受け入れてくれました。内容がいかに重要かを見抜いたからでしょう。アインシュタインはボーズの論文をドイツ語に翻訳し、ドイツの論文雑誌にボーズの名前で投稿し、1924年の出版に至りました。

アインシュタインによる拡張

ボーズは、光を粒子すなわち光子とみなして理論を構築しました。光子はボーズ粒子ですが、前章で紹介したような波動関数による分類をボーズがしたわけではありません。むしろボーズが示したのは、後にボーズ粒子と呼ばれることになる粒子が多数存在すると、どのような性質が表れるかということです。ボーズが扱ったのは光子なので、第1章で紹介した「力を伝える粒子」であって、「物質を作る粒子」ではありません。物質を作る粒子の中にもボーズ粒子はあるので、そのボーズ粒子がたくさん集まったときに示す性質については、ボーズの理論だけでは不十分でした。これを補ったのがアインシュタインです。この2人の連係プレーにより、さまざまなボーズ粒子の示す性質が明らかになり、ボーズ粒子の存在が物理学者の間で意識されるようになりました。この経緯から、ボーズ粒子にはボーズの名前がついており、また、ボーズ粒子が示す性質や関連する数式には、ボーズ・アインシュタインという連名が使われているものも多くあります。前章で紹介したボーズ・アインシュタイン凝縮もそのひとつです。

ボーズは博士論文を書いておらず、またインドの物理学者の多くが留学するイギリスにも行かなかったため、当初は教授になることができませんでした。しかしアインシュタインの推薦が物を言い、ダッカ大学の教授となり、最後にはカルカッタ大学の教授となりました。

フェルミ

エンリコ・フェルミ

さて次はフェルミ粒子です。フェルミ粒子の名前の由来となるエンリコ・フェルミ（1901〜1954）は、イタリアのローマに生まれました。高校卒業後、フェルミはピサ高等師範学校に入学します。しかしローマから離れたこの学校に通うには、親元を離れて暮らさなければならず、生活費がかかってしまいます。一方、試験により高い成績を収めた学生には、寮費を無料にするという制度がありました。試験では論文が課され、フェルミが受けたときは「音の特性」という題目でした。フェルミはまだ17歳でしたが、振動する棒の微分方程式を導出し、解を求め、そのフーリエ解析をするという非常に高いレベルの論文を書き上げました。審査した大学教授は、フェルミが将来優れた物理学者になると評価し、フェルミはトップの成績を与えられました。

ピサ高等師範学校入学後、最初は数学を専攻していましたがすぐに物理学に切り替え、量子力学や相対性理論など、当時最先端の理論物理をほとんど独力でマスターしていきました。在学中からおもに相対性理論に関係する論文を書き始めますが、当時のイタリアでは理論物理学よりも実験物理学が重視されていたため、博士号の学位は実験的研究により取得しました。この経験があったためか、後にフェルミは理論物理学者としても実験物理学者としても大きな業績を残します。

25歳のとき、フェルミは現在フェルミ粒子として知られる粒子が示す性質について論文を発表します。前年に1歳年上でオーストリア生まれのウォルフガング・パウリ（1900～1958）が、パウリの排他律を発表しますが、これに触発されてのことでした。

パウリ

フェルミ粒子についての研究を発表した年、フェルミはローマ大学の理論物理学教授に就任します。実験でも次々に業績を上げ、たくさんの放射性同位元素（中性子の数の異なる同位体のうち、放射線を出して別の元素に崩壊してしまうもの）を人工的に作り出しました。中性子をいろいろな元素に照射して同位体を作成するこの実験は、その後の中性子物理学の先鞭をつけるものでした。これらの研究によりフェルミは、1938年ノーベル物理学賞を受賞することになります。

ノーベル賞授賞式出席のため、夫人を伴ってフェルミはストックホルムに旅立ちます。ところがフェルミ夫妻はイタリアに戻らず、そのままアメリカに移住してしまうのです。それは夫人がユダヤ人だったからです。時は第二次世界大戦開戦直前。夫人は当然のことながら、ムッソリーニ率いるファシスト政権に目を付けられていました。イタリア政府当局には半年の予定でアメリカ訪問を行うと伝えておきつつ、イタリア出国前には、持ち出せそうな貴重品を用意する準備を怠りませんでした。

アメリカに渡った後のフェルミは、核分裂の研究に没頭します。数年後には世界初の原子炉を完成させますが、これにはフェルミがイタリア時代に行ってきた中性子の制御技術が大いに生かされました。さらにはアメリカの原子爆弾開発プロジェクトであるマンハッタン計画にも参加し、中心的な役割を果たしています。

パウリの排他律

第3章では、フェルミ粒子の話をしてからそれがパウリの排他律を満たすことを説明しましたが、歴史的にはパウリの排他律が先に発表され、その後でフェルミの理論が登場します。

パウリも量子力学の発展に貢献した偉大な物理学者の一人です。21歳で博士号を取得するのですが、その年に指導教授から百科事典に載せるための相対性理論の概要を書くよう求められます。ところがその内容をアインシュタインが絶賛し、一冊の書籍として出版することになります。わずか21歳のパウリの書いた相対性理論の本は、名著として世界に広まり、日本語訳もされて現在も販売されています。

１９２５年、パウリは原子について考えていました。原子は中央に原子核があり、その周囲に電子が存在していますが、これを太陽系にたとえるならば、原子核が太陽で、電子が地球などの惑星に相当します。太陽系で地球や火星の軌道が決まっているように、電子の軌道も決まっています（実際は電子は波でもあるので、惑星のように楕円軌道の上を動く点としては表現できませんが、ここでは太陽系の軌道をイメージして話を進めます）。第3章で説明したように、電子にはスピンという性質があり、スピンの向きが異なる2つの電子は、異なる状態にいると考えます。電子のスピンの大きさは1／2であり（フェルミ粒子なのでスピンの大きさは半整数になるという話はすでにしましたね）、ある軸に対して、正方向を向く場合と負の方向を向く場合の2通りしか取りえないことがわかっています。これを私たちは「上向きスピン」「下向きスピン」と表現します。

パウリが気づいたことは、電子の軌道には上向きスピンを持つ電子と下向きスピンを持つ電子が最大でも1つずつしか存在できないと仮定すると、原子が示すいろいろな現象の説明がつくということでした。つまり、特定の軌道（これも状態を表すキーワードのひとつ）に特定の向きのスピンを持った電子は1つしか存在しないというわけです。これはたまたまそうなっているのではなく、複数の電子が同じ状態（軌道もスピンの向きも同じ状態）を取ることは物理法則により禁止されているというのが、パウリの解釈でした。これがパウリの排他律です。これによりパウリはノーベル物理学賞を受賞します。

フェルミとディラック

パウリの排他律が発表された翌年、フェルミはこの排他律が適用される粒子（電子にかぎりません）が多数集まったときにどのような性質が現れるかを示しました。そしてパウリの排他律が適用される粒子は、現在ではフェルミ粒子と呼ばれています。同じ研究をイギリスの物理学者ポール・ディラック（1902〜1984）も行っていたため、ボーズとアインシュタインのように、この粒子が示す性質にはフェルミ・ディラックという連名で名前が付けられることもあります。ディラックも、この研究とは違う業績でノーベル物理学賞を受賞しています。

ディラックもまさに天才理論物理学者と呼ぶにふさわしい人物です。アクロバットのような驚くべき発想で理論を展開するだけでなく、理論研究に必要と思われる道具（便利な記号やそれまで定義されていなかった新しい数学上の関数など）を次々に生み出しました。その後の理論の発展において、どれほどこれらの道具が役に立ったか計りしれません。量子力学の創始期において、もっとも理論家らしい理論家だったといえるでしょう。

話が逸《そ》れますが、理論研究において、記号を適切に選ぶということは、おそらく想像される以上に重要な要素になっています。たかが記号でしょ、と思うなかれ、優れた記号や記法は長い歴史を生き残り、大切な道具として使われ続けるのです。たとえば、積分や微分の概念はライプニッツやニュートンが創始者ですが、積分記号や微分記号の発想については、ニュートンよりもライプニッツの方が一枚上手で、とくにライプニッツの積分記号はとてもよくできた記法だと思います。さらに遡れば、分数の記号もとても優れている書き方ですね。このように、適切な記号を導入することで、書き手の頭が整理され、複雑な計算を整理しつつ推し進めることができます。

ディラック

ディラックが量子力学において導入した記号は、おそらくディラック自身が自分の便利のために生み出したものだと思います。しかしそれは積分記号などと同じで、本質をつかんだすぐれた記号であれば、必ずほかにも使う人が出てきて、利用者が広がっていくものです。ディラックの記号も、今では物理学を専攻する学生なら誰でも使うポピュラーなものになっています（一体どのような記号なのか説明しないままこの点を強調しても納得いただけないかもしれませんが、その紹介をはじめると本書の筋から大きく脱線してしまうので、ここでは触れないでおきます）。

変人たち

さらに脱線した話が続きますが、パウリとディラックの名前が出たところで、この2人の変人ぶりをご紹介しましょう。パウリとディラックは同時代に現れた天才的な物理学者であり、この2人の業績によりどれほど物理学が進展したかわかりません。非常に多くのことに関し、現在でも私たちは彼らの偉業の恩恵を被っています。この2人の共通点は、変人ぶりでも天才的だというところです。パウリは完璧主義者であり、わずかなミスも決して許さず、つねにエネルギッシュで破壊的な人物でした。いくつかの彼の発言をご紹介しましょう。

「この論文は正しくないし、誤りですらない」（同僚の論文を指して）
「こんな若さで、すでにこれほどにも無名なのか」（研究発表をしている相手に対して）
「君が知っていることは私はすべて知っているよ」（議論に割り込んだ物理学者に対して）

このように平気で相手を罵倒するパウリですが、実験が苦手で実験装置をたびたび壊した経験があることでも知られています。人が装置に近づいたり触ったりして装置が壊れることを、「パウリ効果」と呼んでいたほどです。その最たる現象がドイツのゲッチンゲン大学で起きました。

この大学で原因不明の爆発事故が起きたのですが、同じ時刻にパウリの乗った電車がゲッチンゲンの駅に止まっていたのです。恐るべし、パウリ効果。なお、パウリが骨折したとき、パウリ自身はこれを「逆パウリ効果」と名付けたそうです。

対照的にディラックは、寡黙な変人でした。人との接触を極端に嫌い、ノーベル賞受賞の一報を受けたときも、辞退しようとしたくらいです。「はい」「いいえ」「知りません」しか話さないとまでいわれたディラックを巡って、こんなジョークも作られました。

「ノーベル賞受賞者のディラックをペラペラ話させることに成功したらノーベル賞だ」
「1時間に1語話すことを1ディラックという単位で表そう」

フェルミ推定

本章を閉じる前に、フェルミに関係する話をしておきます。物理学では、概算することの重要性が知られています。細かい数字は脇に置いておき、ざっくりとだいたいどの程度かということを知るのがまずは大切だということです。たとえば日本の人口は、1億人程度です。実際は1億2000万人を超える人口ですが、おおざっぱにいえば1億人程度であり、その下の位の数字は必要なときに引っ張り出してくればよいわけです。

物理学を含む理系の業界用語かもしれませんが、オーダーという言葉が日常的に使われています。持っているマンガ本の冊数が、100冊よりは多くあるものの、1000冊には届かないとき、「百のオーダー」と言ったりします。先ほどの人口の例でいえば、日本の人口は1億のオーダーです。このようにおおざっぱな数字を使ってまずは理解することで、細かい数字にとらわれず、全体像を見逃さない癖をつけることが重要だといわれています。木を見ず、まずは森を見ようというわけです。

フェルミはこのような概算が得意でした。そこからフェルミの名前がつけられて一人歩きしはじめた言葉が「フェルミ推定」です。フェルミ推定とは、実際には数えることが難しいと思われる量を、さまざまな推論に基づいて強引に概算することを指します。

有名なフェルミ推定には、「シカゴにはピアノ調律師が何人いるか」という問題がありますが、ここでは日本に合わせ、「日本には野球の一塁ベースがいくつあるか」という推定をしてみましょう。さすがにこんな数字が過去に調査されたことはないと思いますので、知られているデータと推論を重ねることでフェルミ推定していきます。

一塁ベースの数は、球場の数から割り出せるかもしれません。予備の一塁ベースもあるかもしれませんが、用意していない球場もあるでしょうから、球場の数の2割増し程度が一塁ベースの数としましょう（これは推論です）。では球場の数はどれほどあるでしょうか。このデータも世の中にはないでしょうが、頑張ればいくつかのデータを組み合わせて概算できるかもしれません。すなわち、球場にはプロが使うもの、公営のもの、学校のグラウンドなどがあります。これらはそれぞれ多少調べればわかる数字でしょうから、その数字からだいたいの一塁ベースの数が割り出せます。もちろん、メーカーや店舗に在庫として置かれている一塁ベースの数を勘定に入れるとなると、さらなる推論が必要になります。

フェルミ推定は、一時期アメリカの企業の入社試験でも流行したそうです。しかしよく考えれば、企業が市場を調査するとき、数学的な意味での精確な調査はできるはずもなく、どこかで推論が入るわけですから、その意味ではフェルミ推定は日常的に行われているといえるでしょう。たとえば東京駅でトラブルがあって、〇〇人の足に影響が出ました、などという報道もありますが、一体何人がその影響を受けたのかを実際に数えることは不可能なので、この数字にも何らかの根拠に基づく推論が行われているはずです。フェルミ推定は半分はおもしろおかしく問題を考える頭脳ゲームのような側面もありますが、もう半分は非常に有用で実際的な作業でもあるのです。

第 5 章

ボーズ粒子と超流動

ボーズ粒子に共通の性質

第3章の終わりに、ボーズ粒子とフェルミ粒子に分類することの意味は、それぞれに共通の性質があるからだということを述べました。そこで、本章と次章において、ボーズ粒子とフェルミ粒子のそれぞれに共通する性質や現象を解説し、さらにその間の深いつながりについても説明していきます。

ボーズ粒子の特徴は、なんといってもボーズ・アインシュタイン凝縮を起こすということです。ボーズ粒子にはパウリの排他律のような制約がないために、すべてが同じ状態になることが可能です。それがボーズ・アインシュタイン凝縮でした。そしてたびたび注意していることですが、すべてのボーズ粒子が同じ状態になってボーズ・アインシュタイン凝縮するのは、その粒子が同じ種類の場合だけです。ボーズ粒子であるヘリウム原子とナトリウム原子が混ざっているとき、これらはボーズ粒子に分類されるとしても異なる種類の原子なので、両方が同じ状態を取っても、それはボーズ・アインシュタイン凝縮ではありません。そのため以下では、1つの種類のボーズ粒子がたくさんあり、それらがボーズ・アインシュタイン凝縮した場合に話を限定します。

みんな一緒

ボーズ・アイシュタイン凝縮したボーズ粒子は、どれも同じ状態になっています。粒子は波としての性質もあるので、これらの粒子はすべて同じ波になっているともいえます。ボーズ・アインシュタイン凝縮していないとき（たとえば温度を上げていくと、熱によるエネルギーでそれぞれの粒子はバラバラに動きはじめます）、粒子たちの波はすべて等しいわけではなく、一部はたまたま等しい波になっていることもあるでしょうけれども、まったく違う波の状態になっている粒子もたくさんあるはずです。しかしボーズ・アインシュタイン凝縮をしたとたん、たくさんの粒子が同じ波としての性質を持つようになるのです。

すべての粒子が同じ状態になり、同じ波を形成するということは、たとえるなら大勢が集まる野球場で、すべての人があるとき急に同じ動きを始めるというようなものです。全員がいっせいに頭をかいたり、いっせいに階段を上りはじめたりするといった具合です。これはとても奇妙な状況です。この不思議な状況をボーズ粒子で実験室の中で作り出したいと誰もが思うわけですが、技術的には困難を極めました。

ボーズ・アインシュタイン凝縮の実現

同じ種類のボーズ粒子をたくさん用意して、それを低温に冷やせばボーズ・アインシュタイン凝縮することは、ボーズやアインシュタインの時代からわかっていたことです。ではどのくらい冷たくすればよいのでしょう。これはどのボーズ粒子を使うかによって異なります。「この温度よりも低ければ、粒子はボーズ・アインシュタイン凝縮をはじめる」という温度があり、理論的な計算によるとこの温度は、粒子が軽いほど、そして密度が高いほど、高くなります。なおこの密度は、質量を体積で割った質量密度ではなく、粒子数を体積で割った数密度です。つまり重い粒子がパラパラと希薄に存在している状況では、ボーズ・アインシュタイン凝縮を起こす温度は極めて低温になってしまうのですが、残念なことに、現実にボーズ・アインシュタイン凝縮を起こさせようとする場合はまさにこの状況に当てはまってしまうのです。

まず、素粒子のような軽い粒子のうち、ボーズ粒子に分類され、しかも実験的に扱いやすい粒子はありません。フェルミ粒子であれば、電子という便利な粒子がすぐに手に入るのですが、ボーズ粒子としては、通常、原子を用います。私たちの感覚からすれば原子は目に見えない小さな軽い粒子ですが、ミクロな世界の常識からすると、原子は十分に重い粒子です。ボーズ・アインシュタイン凝縮させるには不利なことはわかっていますが、仕方がありません。これしかないのですから。

以上のように、比較的重い粒子である原子を使わざるをえないこと、そして粒子間の影響を取り除くためにできるだけ希薄にしなければならないことという、ボーズ・アインシュタイン凝縮を起こすにおいて不利な2つの条件を飲まなければなりません。この条件を満たす場合、典型的なボーズ・アインシュタイン凝縮を起こす温度はどれほどだと思いますか？　バラの花やバナナを凍らせる映像をどこかでご覧になった方も多いと思いますが、あの実験はたいていの場合、液体窒素を使っています。液体窒素はマイナス196℃程度ですが、これで原子をボーズ・アインシュタイン凝縮させることはできるでしょうか。

とんでもありません。温度が高すぎます。では低温の実験でよく使われる液体ヘリウムはどうでしょう。マイナス269℃程度の温度ですが、これでも話にならないくらい熱すぎます。絶対零度を基準として定義した温度が「絶対温度」であり、その単位をケルビンといいます。液体ヘリウムの温度は絶対温度でいえば約4ケルビンですが、それでもまだ高すぎるというわけです。

代表的なボーズ粒子であるナトリウムなどの原子をボーズ・アインシュタイン凝縮させるには、マイクロケルビンからナノケルビン近くまで冷やさなければなりません。マイクロケルビンは、0.000001ケルビンを指し、ナノケルビンは、0.000000001ケルビンです。ゼロの数を見てもわかるように、限りなく絶対零度に近い温度です。従来の冷却法ではまったく到達できない人類にとっては未踏の低温領域が必要なのです。このため、ボーズ・アインシュタイン凝縮の概念が出されてから70年以上も、私たちはその現象を目にすることはできませんでした。

しかし20世紀末になり、ようやく実現が可能になります。そこには曲芸ともいうべき方法が使われたのでした。

原子を宙に浮かせて冷やす

ボーズ・アインシュタイン凝縮させる粒子として、現実に手に入るものは原子しかないので、研究者たちは原子にターゲットを絞り、それをいかに冷やすかを考えてきました。まず、原子を容器に入れて、それを冷蔵庫のようなものの中に置いて冷やすという方法は適切ではありません。冷蔵庫で食べ物が冷えるのは、冷蔵庫が庫内の空気を冷やし、その冷たい空気に食品が触れるからです。食品を直接冷やしているのではなく、かなり間接的な冷やし方をしているわけです。では空気は冷蔵庫が直接冷やしているかというと、それもそうではありません。冷蔵庫で実際に冷やしているのは冷媒（以前はフロンがよく使われていましたが、今は別の物質が使われています）です。空気がその冷媒が入った管に触れることで冷たくなり、さらに食品がその冷たい空気に触れることで冷えるのです。

いずれにしても冷蔵庫で食品を冷やすような間接的な方法ではなく、もっと直接的に冷やさないと、絶対零度近くまで原子たちの温度を下げることはできません。電子レンジのように、触らずに対象となる物体の温度を変えたいのです。また、仮に何らかの方法で冷やせたとすると、原子一つ一つは動きが遅くなり、重力により落下していきます。温度が高ければ原子の動きが激しく、重力が働いていても空間中に広く分布することができますが（空気が部屋中にまんべんなく行き渡っているのもこのおかげです）、低温になると原子がおとなしくなり、重力にしたがって落ちていくのです。原子が床に落ちてしまうと、本来の目的であるボーズ粒子が低温でどのようになるかという観測実験ができなくなってしまいますね。そのため、低温になっても落下していかないように、宙に浮かせた状態にしておく必要があるのです。

なお、原子を宙に浮かさずに容器に入れればよいではないかと思われるかもしれませんが、そうすると原子が容器に接触してしまい、容器の存在が原子に影響を与えてしまいます。その影響を排除するには、原子を宙に浮かさなければならないのです。

つまり、原子の集団を絶対零度に近い温度まで直接的に冷やし、しかも宙に浮かせるのです。これが実現しないと、ボーズ・アインシュタイン凝縮は実現できません。こんな手品のようなことができるのでしょうか。まず研究者たちが挑んだのが、原子を冷やす研究です。１９７０年代にアイデアが出され、１９８０年代に実験に成功しました。それは次のような仕組みでした。

レーザー冷却

すでに何度もお話ししているように、光は波でもあり粒子（光子という名前でしたね）でもあ

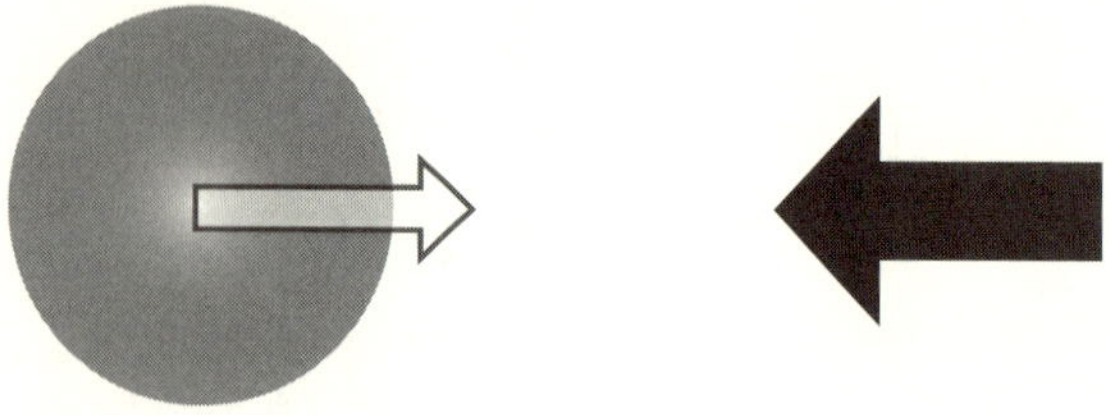

図5-1　原子に光を当てる

ります。ということは、光を原子に当てると、光子が原子に当たることになり、粒子同士の衝突が生じます。たとえば原子が、あなたに向かってすごいスピードで飛んできている場面を想像してください。この原子に対し、あなたが懐中電灯の灯りを向けたとします。懐中電灯から放たれた光すなわち光子は、向かってくる原子に正面衝突します（図5−1）。粒子である光子が原子にぶつかると、当然のことながら原子のスピードが落ちます。激しい動きをしていた原子が少し静かになるのです。これが冷却です。

原子の集団に四方八方から光（波長がきれいにそろった光、すなわちレーザー）を当てれば、原子がどの方向に動いていてもブレーキがかけられます（図5−2）。しかしよく考えてみてください。そうはうまくいかないのです。あなたに向かって飛んできた原子には光子を投げつければいいのですが、あなたから離れていく方向に飛んでいる原子に後ろから光子を投げつけるとどうでしょう。原子の背中に光子がぶつかることになり、原子のスピードが増してしまいます。そのため、四方八方からレーザーを当てると、減速する原子もいれば、加速する原子もいるのです。これでは全体の温度を下げられません。

実際には原子はガラス玉のような硬い粒ではなく、光子と衝突したときにそれを飲み込んで吸収してしまいます。ところが、原子には飲み込める光子と飲み込めない光子があるのです。かなりの好き嫌いがあるといっていいでしょう。原子は光子の何を見て好きだの嫌いだのいっているかというと、それは光の波長です。ある波長の光の光子だけを原子は吸収できるのです。それではその波長の光を用意して（すなわち波長のそろったレーザーを用意して）、原子に向かって照射すればいいかというと、それだけでは先ほどの問題が解決されません。ここでドップラー効果が重要になるのです。

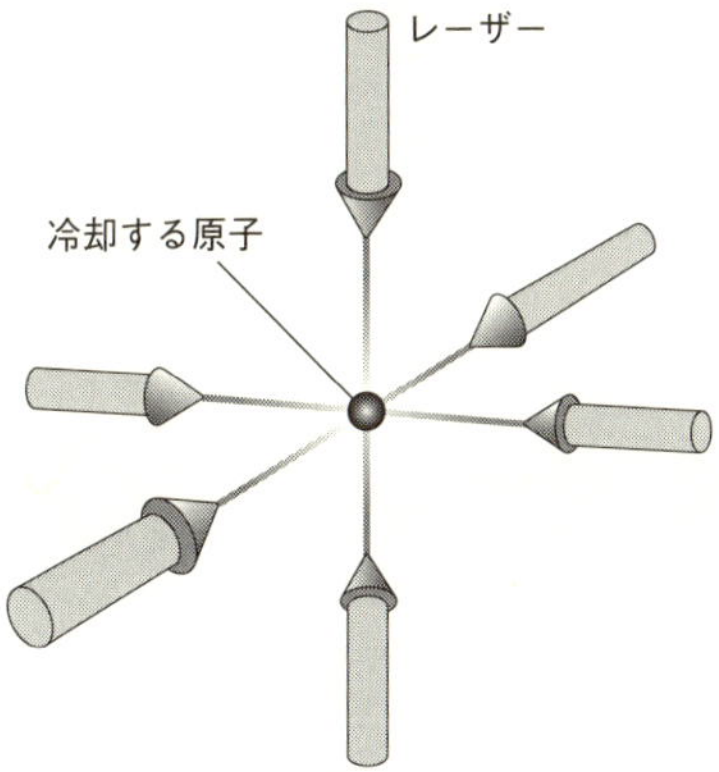

図5-2　原子に四方八方から光を照射

ドップラー効果とは、たとえば近づいてくる救急車のサイレンと、遠ざかる救急車のサイレンで音の高さが異なって聞こえる現象です（図5-3）。これは音に限らず波に共通した現象なので、波としての性質も

図5-3　ドップラー効果

併せ持つ光にも、当然ドップラー効果があります。近づいてくる光と遠ざかる光は、波長が異なって見えるのです。ということは、原子から見ると、自分が好きな波長を持った光が近づいてきても、それは波長が異なって見えるため、もはや好きな波長の光とはいえなくなります。この効果を利用することを研究者たちは思いついたのです。

先ほど書いたように、原子には好きな光の波長というものがあります。その波長を持った光子なら飲み込んで吸収できます。そこで、その波長よりも少し長い波長の光を照射するのです。光に対して向かってくる原子から見ると、その光の波長はドップラー効果により実際よりも短く見え、「おいしそうな光」としてこれを飲み込みます。ところが遠ざかる方向に動いている原子は、背中から光が衝突してきても、光の波長は自分がおいしいと思う波長に見えないことから、光子を吸収しません。こうして、レーザーに対して向かってくる原子だけが光子を吸収してスピードが落ち、それ以外の原子

（左から）チュー、コーエン＝タヌージ、フィリップス

は光子を吸収しないので変化はありません。一部の原子が減速しただけですが、全体として平均の速さが落ちたため、温度が下がるのです。この方法をレーザー冷却といいます。レーザーを用いて電子を冷却する実験を成功させたアメリカのスティーブン・チュー（１９４８〜）、フランスのクロード・コーエン＝タヌージ（１９３３〜）、アメリカのウィリアム・フィリップス（１９４８〜）には、１９９７年、ノーベル物理学賞が授与されました。ちなみにチューは、ノーベル賞受賞からおよそ10年が経った２００９年、当時のオバマ政権に乞われてアメリカのエネルギー長官になったという政治家の一面もあります。

原子を取り囲む壁

原子のレーザー冷却が可能になり、さて準備万端、あとはボーズ粒子に分類される原子をレーザー冷却すればボーズ・アインシュタイン凝縮を見ることができる。とは、残念ながらいきません。レーザー冷却は大変優れた冷却法ですが、せいぜいミリケルビン（０・００１ケルビン）程度の温度にまでしか冷やせないのです。それまでの常識からすれば驚くべき低温ですが、ボーズ・アインシュタイン凝縮に必要なマイクロケルビンあるいはナノケルビンにはほど遠いのです。また、先に述べたように、原子が低温になって動きが遅くなると重力によって床に落ちてしまうので、宙に浮かせておく必要がありますが、その実験も成功させなければなりません。まだまだ道のりは険しいのです。

まず、原子を真空中に留めておく技術については、チューのグループがレーザー冷却技術の延長として開発に成功しました。レーザー冷却は、原子が特定の光（特定の波長）を好むという性質を利用しているわけですが、その原子の好みは、じつはいつも同じというわけではありません。原子に磁場をかけると、好みが変わるのです。

そこで原子に磁場をかけてみましょう。しかも一様な磁場をかけるのではなく、場所によって強さが変化するような磁場をかけるのです。すると、原子が吸収できる光の波長も、場所によって異なることになります。たとえばある場所では原子は波長の長い光を吸収したがり、別の場所では波長の短い光を吸収したがるといった具合です。

そんな状況にいる原子に、一定の波長を持った光を当てたらどうなるでしょう。場所によって原子の好みが違うので、その光を好むのは特定の場所にいる原子だけです（もちろんドップラー効果があるので事情はもう少し複雑ですが）。つまりその場所にいる原子だけが、外からやってきた光を吸収してスピードを落とし、ブレーキをかけられた状態になるのです。原子がその場所にやってくるとブレーキがかかるため、あたかもそこに「壁」が出現したようなものです。この現象を利用すれば、原子を空間中に閉じ込めておくことができます。つまり、磁場を場所によって変化させてその「壁」を作るとき、ある領域を取り囲むように壁を作るのです。

原子の集団は、この取り囲まれた壁により、空間中のある領域内に閉じ込められたことになります。原子を宙に浮いた状態で閉じ込める方法はほかにもありますが、ここで紹介した方法は、磁場と光を使うことから、「磁気光学閉じ込め」と呼ばれます。

蒸発させて冷やす

磁気光学閉じ込めは、原子を閉じ込めるだけでなく、レーザー冷却も同時に行うというすぐれものです。ただし先ほど述べたように、レーザー冷却だけでは十分な低温に到達できません。そこで、さらに低温を目指して新しい技術が開発されました。蒸発冷却と呼ばれるその方法では、閉じ込めておいた原子のうち、激しく動いている元気な原子を外に逃がしてあげるのです。残った原子は比較的おとなしい原子、すなわち動きが鈍い原子なので、温度が下がったことになります。化学でいうところの蒸発は、激しく動く分子が外に逃げていく現象なので、この冷却方法に

（左から）コーネル、ワイマン、ケターレ

蒸発冷却という名が付けられているわけです。

　この蒸発冷却はとても効果的で、数ナノケルビンまで冷やすことが可能です。これにより、ようやくボーズ・アインシュタイン凝縮を実現させるお膳立てができました。1925年にボーズ・アインシュタイン凝縮をアインシュタインが理論的に予測してから70年が経過した1995年、ルビジウムやナトリウムといった原子を使い、ボーズ・アインシュタイン凝縮が実現されました。この実験に成功したアメリカのエリック・コーネル（1961〜）とカール・ワイマン（1951〜）、ドイツのヴォルフガング・ケターレ（1957〜）にノーベル物理学賞が2001年に授与されました。

　ちなみに、原子を冷やしたときにボーズ・アインシュタイン凝縮しているかどうかはどのようにして確認するかというと、原子を閉じ込めるのに使っている仕組みのスイッチを切るだけです。すると原子は重力によって床に落ちていきます。そのとき、原子がボーズ・アインシュタイン凝縮してい

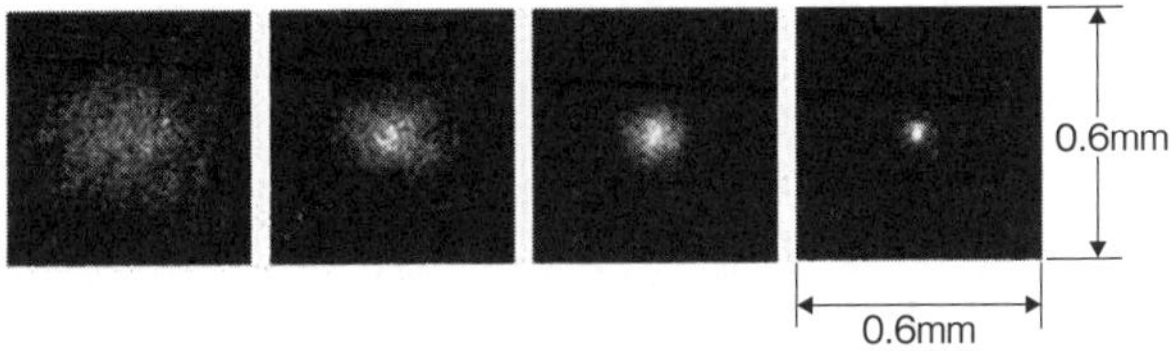

図5-4　原子が落下する途中で撮影した映像（右に行くほど低温）

れば、すべての原子が1つの状態となっていますが、凝縮していないといろいろな状態にあります。原子が床に向かって落ちていくとき、原子の集団がどんどん広がるようであれば、それは原子がバラバラの状態を取っていることの証拠でもあります。逆にすべてが同じ状態であれば、原子の集団はまとまって落ちていくはずです。これは落下する原子にレーザーを照射して検出してみれば、すぐに確認できることです。

たとえば図5-4は、ルビジウム原子を空間中に閉じ込めて冷却し、閉じ込めの仕組みのスイッチを切って落下していく原子を捉えた画像です。左がもっとも高温、右がもっとも低温の場合ですが、右に行くほど原子の集団が1ヵ所にまとまっている様子がわかると思います。すなわち低温で原子がボーズ・アインシュタイン凝縮をしていることが画像からわかるのです。この図の場合、一番右側の温度（約230ナノケルビン）になってようやくボーズ・アインシュタイン凝縮が達成されています。

原子レーザー

ボーズ・アインシュタイン凝縮した粒子は、どれも同じ状態になっています。粒子を波としてみるならば、すべてが同じ波になっています。物理学ではこれを、すべてが「そろっている（コヒーレント）」という言葉で表現します。波がそろっているということで、何かを思い浮かべませんか。そうです、レーザーです。

私たちが日常で目にしている光は、いろいろな色が混ざっています。赤いインクも、正確には1色ではなく、たくさんの色が混ざっており、その中で赤い色が強く出ているにすぎません。光を波として考えたとき、光の色はその波長で決まります。いろいろな色が混ざっているということは、いろいろな波長の光が混ざっているということです。

これに対しレーザーは、1つの波長の光しか含んでいません。表現を変えれば、レーザーという光は「そろっている」のです。このようなそろった光を使って図2-2のような干渉の実験を行うと、とてもきれいな干渉縞が観察できます。

ということは、どれもが同じ状態になってそろった波を形成しているボーズ粒子の集団も、同じように干渉縞を作ることができそうです。実際に実験も行われています。ボーズ粒子としては原子を用意し、それを冷却してボーズ・アインシュタイン凝縮させるのですが、先ほどお話ししたような特殊な仕組みで冷却するため、光のように二重スリットを通過させる実験はできません。

そこで、ボーズ・アインシュタイン凝縮した原子の集団を2つ同時に作成した後で、それらを宙に浮かせていた装置のスイッチを切ると、重力によって原子集団が落下していきます。その落下過程で2つの集団が重なるようにします。どちらの集団も「そろった」状態として1つの波を形成しているので、2つの波が重なることになります。このとき波の干渉が起き、波が強め合う部分と弱め合う部分が生じ、原子の集団に縞模様が現れます。その様子を写真に撮ったのが図5-5です（2つの写真があるのは、実験で用いた装置のパラメータを変えて2回行った結果です）。

以上のように、原子を冷却するとレーザーのようにそろった波になることから、この波を原子レーザーと呼ぶことがあります。

世界一のサラサラ物質

ボーズ・アインシュタイン凝縮した粒子は、どれも同じ状態になっています。したがってすべてが同じ動きをするわけですが、これはとても重要なことを意味します。粘性がなくなるということです。

私たちの身の回りの物は、固体を除けば液体も気体も、「ドロドロ」しています。この性質を

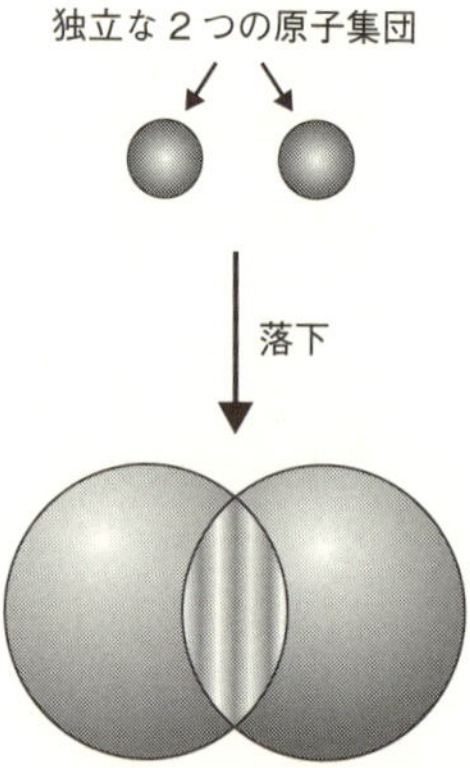

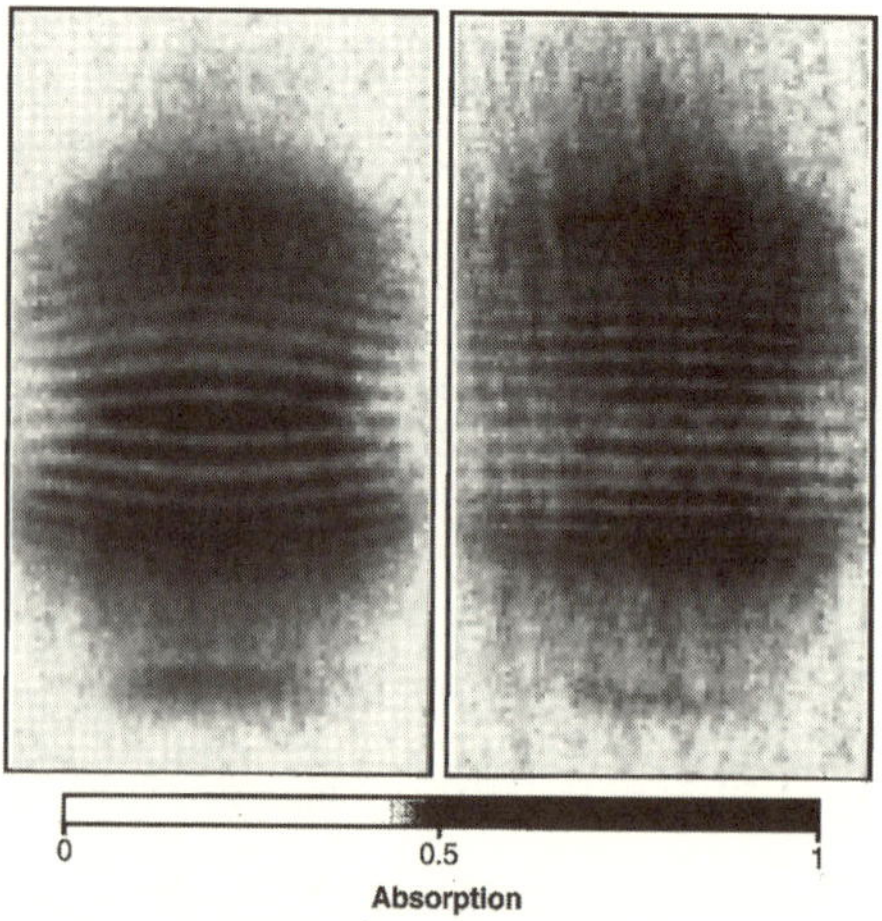

図5-5　（上）２つの原子集団が落下し、重なり合ったところ、（下）原子集団に現れた干渉縞

のでしょう。

粘性といいます。つきたてのお餅がドロドロしていて粘性が高そうなのは想像がつきますが、一見サラサラしている水にも粘性はあり、ドロドロしているのです。では、なぜドロドロしている

それは、その物質を構成している分子の間に力が働いているからです。もし分子同士に力が働いていていないとすると、お互い相手をスルリと通り抜け、衝突することなく動くことができます。逆に分子の間に力が働いていると（実際に分子間力と呼ばれる力が存在します）、ある分子が動こうとしても、別の分子が邪魔をして、思い通りに動けないという状況が生まれます。その物質を変形させると、内部の分子が移動しますが、今の状況では移動が容易ではないため、物質の変形も簡単にはできないということになります。これを「粘性がある」と表現するわけです。

ボーズ・アインシュタイン凝縮した粒子は、すべて同じ状態にあり、全員で同じ動きをします。道路を走る車は、整然とした動きをしており、ぶつかることなく（ときには事故も起きますが）移動していますが、広場で何台もの車が勝手に動くと、衝突してしまい、思ったように移動できません。前者が粘性のない状態で、後者が粘性のある状態です。ボーズ・アインシュタイン凝縮した粒子は、整然としているので粘性がなく、世界一のサラサラ物質なのです。

ハンマーで割れるピッチ

世界一のドロドロ物質

少し脱線しましょう。世界一のサラサラ物質の話が出たところで、世界一のドロドロ物質は何かということが気になります。明確な粘性ランキングがあるわけではありませんが、たびたび究極のドロドロ物質として話題になるのが、ピッチと呼ばれる物質です。石油や植物性樹脂から作られ、タールやアスファルトと混同されることもありますが別物です。そのあまりに高い粘度により、見かけは固体であり、ハンマーで叩くと割ることもできます。ところが、本質的には液体なので、長い年月放っておくとやがて形を変えていきます。どれほどのペースで形を変えていくのかという問題に興味を持った研究者が、オーストラリアにいました。オーストラリアにあるクイーンズランド大学において、1927年から現在も続いている実験があるのです。その長さから世界最長実験としてギネスにも認定されている実験です。この実験は、ピッチを漏斗に入れ、それがしたたり落ちるのを観察するという、いたってシンプルなものです。

ピッチはほぼ固体なので、漏斗に入れるといっても容易ではありません。漏斗にピッチのかたまりを入れてもすぐには漏斗の形に沿って変形するわけではなく、この実験でも漏斗の下からピッチが顔を出すまで3年かかっています。ピッチが漏斗の下から出てきたところで、一旦その先をはさみで切り、そこから本当の実験が始まります。クイーンズランド大学の実験では、それが1930年のことでした。

最初の一滴が落ちたのが1938年なので、およそ8年が経過しています。さすがに粘性世界一の物質です。わずか一滴が落ちるのに8年もかかったわけですから。もちろんこの実験は、未解明のことを明らかにするような研究というよりは、研究者がおもしろがって行うジョークのような実験です（とはいえ、論文も出版されています）。漏斗の管の部分の太さによっても一滴が落ちる時間は変わるでしょうし、8年かかったという事実に物理的な意味があるわけではありません。ちなみにこのピッチが漏斗内を移動する速度について、おもしろい比較がされています。オーストラリアは、大陸プレートの移動により毎年少しずつ北に移動しているのですが、その速度が1年で6センチメートルと考えられています。これに対し、ピッチの移動速度はその十分の一程度です。この実験は、大陸移動よりも桁違いに遅い現象をひたすら卓上で観察する実験なのです。

呪われた実験?

さて、その後もピッチは時間をかけて一滴ずつ落ちていきますが、だんだん誰もが同じことを考えるようになりました。

「落ちる瞬間を見たい!」

しかし8年に一回しか起きないイベントを、偶然目撃するのは至難の業です。装置の前で24時間寝ずに待機しているわけにもいきません。ところが1979年、惜しいことが起きました。6滴目が落ちる瞬間を見ようとしていた実験関係者がいたのですが、たまたま別の装置の確認に行っている間に滴《しずく》が落ちてしまったのです。それならばと、次の7滴目に期待がかかります。1988年、その7滴目が落ちるのですが、今度は実験を見ていた人が軽食を取りに5分間席を外している間に落ちてしまいます。偶然が重なると、何だか嫌な予感がしてきますね。

その予感を振り払うように、次の8滴目は人による目撃はあきらめ、観測自体を機械に頼ることにしました。時代が進み、先進的な機械が次々に発明されていき、ウェブカメラという手段が使えるようになったからです。これなら世界の誰かが目撃します。ところがやはり呪いは解けていませんでした。

2000年に8滴目が落ちるのですが、もうすぐ落ちるというときになってカメラが故障して

世界最長の実験

しまい、滴の落下をまたしても見逃してしまったのです。しかも8滴目が落ちる前に、それまできちんと管理されていなかった部屋の温度を一定にしようとエアコンが設置されました。これにより年間の平均室温が以前より下がり、温度が下がると物質は普通硬くなるので、粘性が増し、ますます滴が落ちにくくなりました。それまでは8年に一回くらいのペースだったものが、10年以上かかるようになったのです。8滴目が落ちたのも12年が経過した後のことだったので、撮影の失敗にはさぞ落胆したことでしょう。

しかし気を取り直し、今度こそと意気込んで9滴目の落下の撮影に挑みます。それは2014年に起こりました。いえ、正確には起こりませんでした。実験が失敗したのです。

9滴目が漏斗の下から伸び、そろそろ落ちるというとき、伸びたピッチの先端が、その下のビーカーに入っていた8滴目のピッチに接触してしまったのです。このままでは9滴目と8滴目がくっついてしまうので、実験責任者である教授がビーカーを移動しようと考えました。そして写真にあるような全体を覆うガラスのケースを持ち上げたところ、底の木の台がぐらつき、9滴目のピッチが漏斗の先端から折れてしまったのです。実験の失敗です。やはり何かに呪われているとしか思えません。しかし現在も実験は継続しており、2020年代の半ばに10滴目が落ちることでしょう。今度こそ撮影に成功することを祈ってやみません。

なお、このクイーンズランド大学の実験に対し、2005年にノーベル賞のパロディ版であるイグノーベル賞が授与されています。この実験は、長く続けられているということ以上に、滴が落ちる瞬間の観測にこれでもかというほど失敗しているところにおかしみがあり、その点でもイグノーベル賞に値すると思います。

クイーンズランド大学の実験は呪われているとしか思えないようなことが続いているのに対し、別のグループがとうとうピッチの滴が落ちる瞬間を撮影することに成功してしまいます。アイルランドのダブリンにあるトリニティカレッジは、クイーンズランド大学から少し遅れた1944年に同様の実験を開始しました。やはり長い年月をかけて一滴ずつ落ちていたのですが、2013年になって次の一滴が落ちそうだというところでウェブカメラを設置し、とうとう2013年7月11日午後5時に滴が落ちるところの撮影に成功したのです。この映像は録画され、現在もネット上で見ることができます。クイーンズランド大学はさぞ悔しがったことでしょう。がんばれ、クイーンズランド大学!

ちなみにこの実験を通じたトリニティカレッジの見積もりでは、ピッチの粘性は蜂蜜の200

万倍、水の200億倍でした。そういわれても想像がつきませんが、とにかく究極にドロドロしているということなのでしょう。

忍者物質

脱線していた話を元に戻します。ボーズ粒子がボーズ・アインシュタイン凝縮した物質は、粘性ゼロのサラサラ状態にあるという話をしました。このことからいろいろ不思議な現象が発生します。そのいくつかをご紹介していきましょう。

素焼きの壺

日常生活において、私たちは液体や気体の粘性をほとんど気にすることなく毎日を送っています。たとえば、コップに水を入れたとき、なぜ漏れないのかということはあまり考えないでしょう。コップも水も小さな分子が集まってできているので、水の分子がなぜコップの分子の隙間をすり抜けて落ちていかないのかと考えると、コップに水を入れられるという事実もそれほど当たり前の話ではないように思えてきます。分子レベルまで細かく見なくても、たとえば素焼きの壺は、土の粒子が焼き固められてできています。水の分子に比べれば、土の粒子は非常に大きく、大きな隙間もたくさん開いています。それにもかかわらず、水が漏れ出ないのは、水に粘性があるからです。水はドロドロしている、あるいはねっとりしているので（これらの表現は、水に対して私たちが持っている印象とは合わないと思いますが、粘性ゼロの物質に比べれば、はるかにドロドロしているのは間違いありません）、隙間から出て行かないのです。

ということは、逆の見方をすれば、粘性が小さい物質、とくに粘性ゼロのボーズ・アインシュタイン凝縮したボーズ粒子たちは、この壺に入れても漏れ出てしまうことはすぐに想像がつくことでしょう。容器に入れようと思っても、漏れてしまう奇妙な物質なのです。しかも思い出してほしいのは、この現象は純粋に量子力学的な現象だということです。量子力学により粒子の波動性が記述され、それによって粒子にはボーズ粒子とフェルミ粒子の2種類があること、そしてボーズ粒子はボーズ・アインシュタイン凝縮してすべてが同じ状態になることが可能であること、そのために粘性がなくなるということなどの結果が得られたのです。粒子に波としての性質がなければ、この不思議な物質が壺から漏れていくこともないのです。通常、量子力学から予測されることは、電子などの極めて小さな世界でしか現れないので、顕微鏡も何も使わないで量子力学特有の現象を見られることはほとんどありませんが、そのいくつかの例外のひとつが今お話しした現象です。

ボーズ粒子として身近なものには、ヘリウム原子があります。ヘリウムは、原子核に陽子2個、中性子2個が含まれ、それ以外に電子が2個あります（図5-6）。実際には同位体として、中性子の数が1つしかないものもありますが、それはほんのわずかしか地球上に存在しません。中性子が2個含まれるヘリウムは、陽子も、中性子も、電子も偶数個あるので、第3章でお話ししたことから、ボーズ粒子に分類されることがわかります。

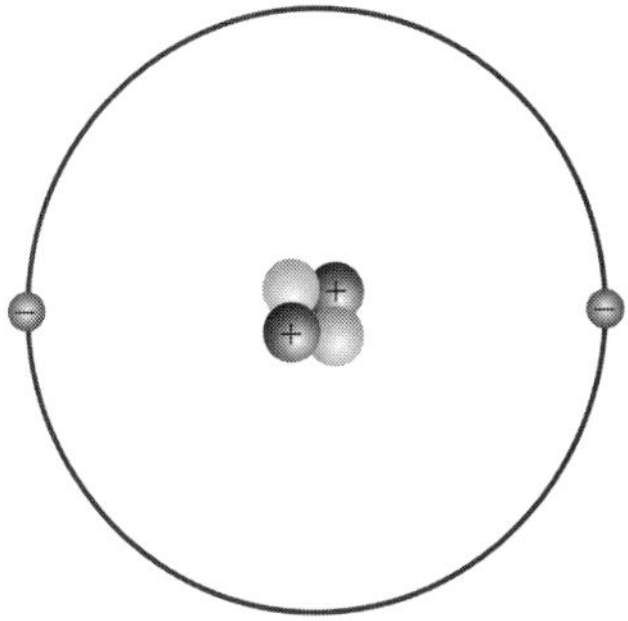

図5-6　ヘリウム原子の構造

私たちが知っているヘリウムは、気体の状態にあります。よく使われるのが、風船です。ヘリウムは空気よりも軽いので、風船をヘリウムでふくらませると、宙に浮きます。以前は水素が使われていましたが、引火性があって危険なので、今はヘリウムが使用されています。また、パーティーグッズなどとして、ヘリウムガスのスプレーが売られています。これを吸い込んで声を出すと、いつもよりも甲高い声が出るというおもちゃです。声が高くなる理由は、ヘリウムが空気より軽い気体であるために振動しやすく、音（気体の振動により伝わります）の振動数が高くなり、高い音として伝わるのです。

さて、そのヘリウムガスを素焼きの壺に閉じ込めたとしま

液体がガラスの壁を上って底から滴となって落ちる様子

しょう。通常の室温ではヘリウムは気体です。熱によってヘリウム原子が動き回っており、ボーズ・アインシュタイン凝縮とはほど遠い状態にあります。次に、壺に入ったヘリウムを何かの方法でどんどん冷やしていきます。すると、約4ケルビンで液体に変わります。そしてそれ以下の温度では、冷やせば冷やすほどボーズ・アインシュタイン凝縮したヘリウム原子の数が増えていきます。そうなると、壺に入れていたヘリウムは、徐々に壺から漏れてきます。もはやヘリウムを壺に閉じ込めておくことはできなくなってしまうのです。

なお、粘性がゼロであることによってボーズ粒子が示す現象を、「超流動」と言います。普通の流体の性質を超えた現象なので、超流動という名がつけられています。

超流動現象として、不思議な振る舞いを見せる場面はほかにもあります。それは、液体が壺の底から漏れて出て行くのではなく、器の壁を上って自ら脱出するという現象で

コーヒーがカップに接するところで少し持ち上がっている

す。まるで生き物であるかのように、容器から出て行ってしまうのです。右ページの写真は、ガラス容器に液体ヘリウムを入れたものですが、底に滴がついているのが見えますね。これは、ガラス容器から漏れて出たのではなく、中の液体ヘリウムがガラスの壁を上り、縁《ふち》を越え、容器の外側に沿って下りてきて、滴を作っているのです。どうして粘性がゼロだとそのような忍者のようなことができるのでしょう。

その説明を、コーヒーカップに入ったコーヒーの話からはじめましょう。コーヒーの水面をよく見てください。カップの壁にへばりつくように、少し持ち上がっていますね。これは、カップを構成する分子と、コーヒー（おもに水）の分子とが互いに引き合う性質を持っているからです。コーヒーの分子がカップの分子に引き寄せられて持ち上がっているのです。もちろん、重力があるのでいくらでも持ち上がるわけではありませんし、繰り返し強調してい

超流動の理論的解明

超流動現象の起こる仕組みについては、すでにご説明しました。多数のボーズ粒子がボーズ・アインシュタイン凝縮して1つの状態になり、全体として同じ動きをするために粘性がなくなるというのがその本質でした。しかし細かいことをいえば、これだけでは説明が不十分です。なぜなら、たとえば液体状態にあるヘリウムを素焼きの壺に入れ、土の粒子の隙間を容易に流れ出すとき、ヘリウム原子がボーズ・アインシュタイン凝縮しているだけであれば、土の粒子からのちょっとした刺激（摩擦）により、一部のヘリウム原子がボーズ・アインシュタイン凝縮した状態から外れてしまうこともありそうだからです。

フェルミ粒子には、どの粒子も同じ状態になってはならないとするパウリの排他律がありました。フェルミ粒子は必ずこの規則にしたがわなければなりません。しかしボーズ粒子にはその規則がないので、同じ状態になることができ、ボーズ・アインシュタイン凝縮することが可能でした。つまりボーズ・アインシュタイン凝縮は、強制されてそのような状態になるのではなく、それぞれの粒子が好んでその状態になっているだけです。逆にいえば、みんなと同じ状態であることに嫌気が差し、自分だけ違う状態になることも許されています。そのため、温度を上げると熱によってボーズ・アインシュタイン凝縮が崩れるのと同じで、外部からの刺激により、すべての粒子がそろって1つの状態になるという秩序が壊れてもおかしくありません。低温まで冷やしたボーズ粒子であるヘリウムは、どうして秩序を保ったまま壺の土の粒子の隙間をすり抜けていくことができるのでしょうか。この疑問に答えたのが、旧ソビエト連邦の天才物理学者レフ・ランダウ（1908~1968）です。

ランダウ

ヘリウムはボーズ粒子の中でも特殊な粒子です。ヘリウムを液体状態にまで冷やすと、原子の動きが遅くなり、原子と原子の間隔が小さくなります。ヘリウム同士は反発し合う性質があるため、液体にまで冷やしたヘリウムは、この原子間の反発力が無視できないくらい大きく働くのです。この反発力は、ヘリウム原子を互いに「仲間から抜けるなよ」と牽制させる効果を持ち、外部からの刺激があってもヘリウムは粘性ゼロの性質を保てるということを、ランダウは理論的に導き出したのです。この業績により、ランダウは1962年にノーベル物理学賞を受けています。

ランダウは、物理学史上に残る偉大な物理学者の一人です。国別に有名な理論物理学者をあげていけば、イギリスはニュートン、ドイツはアインシュタイン、アメリカはファインマン（『ご冗談でしょう、ファインマンさん』の本でも有名ですね）あたりでしょうか。そして旧ソ連やロシアでは、なんといってもランダウが筆頭に来ると思います。生きた時代はファインマンと重なり、それ以外にも両者にはたくさんの類似点がありました。エピソードの数なら、ランダウもファインマンに負けてはいません。

ランダウは、ランダウ学派と呼ばれる優秀な門下生の一群を輩出したことでも有名です。ランダウの門下生になるには、非常に厳しい「理論ミニマム」という理論物理学コースに基づいたテストに合格する必要があり、弟子になるだけで大変な難関をくぐり抜けなければならなかったのです。29年間で43人しか合格しなかったといわれるほどです。

ランダウが驚異的なのは、その知識の幅の広さです。ほかの学問もそうですが、物理学は現在、非常に細分化され、その全貌をつかんでいる人は皆無です。その傾向はランダウが生きていた時代からありましたが、ランダウだけは別です。あらゆる理論物理学の分野は、ひとつの一般的原則により統一的かつ論理的に理解すべきであると信じ、それを研究の柱としていました。週に一度のセミナーでは最前列に座り、あやふやな内容、間違った内容に対しては、つねに徹底的に攻撃しました。ランダウの要求に満足に応えられない者は、以後セミナーへの出席を禁じられました。

こんな証言もあります。ランダウを知る同僚が30年の間彼を見続けてきて、彼が本を抱えているのを見たのは一度だけ。ランダウは、必要なことはすべて耳から仕入れていた、というのです。本や論文などは読まず、その内容を人から聞いて、自分の頭の中で問題を再構築し、理解してしまうのです。その理解力はすさまじいものだったといわれています。

ランダウは論文を読まなかっただけではありません。書くこともしませんでした。彼の行った数多くの優れた研究は、すべて代筆によって論文に発表されました。しかもすべての研究成果を論文にしたわけではなく、本当に（ランダウの厳しい基準で）価値があると思える研究しか論文にしませんでした。耳から情報を仕入れ、自らの脳でその問題の本質を見抜いて解き明かし、そして論文を書くなどというわずらわしい作業は他者に任せる。ランダウはまさに「頭脳の人」でした。

ファインマン

批判的精神に富んでいたランダウですが、優れた研究に対しては惜しみない賛辞を送りました。前出のリチャード・ファインマン（1918〜1988）は、ランダウと同じ時代を生きたアメリカを代表する理論物理学者ですが、ランダウは「ソ連とアメリカの両国は、物理学においては同レベルだ。ただしアメリカにはファインマンがいる。その分だけソ連はアメリカに劣っている」と言い、ファインマンを高く評価していました。しかし、ソ連とアメリカを代表する二人の知性は、皮肉なことに一度も顔をあわせることはありませんでした。

ファインマンとランダウとの類似点は、国を代表する優れた理論物理学者というだけではありません。どちらも優れた教育者でした。研究者として歴史に名を残し、しかも教育者としても歴史に名を残す人物といえば、ファインマンとランダウしか思い浮かばないほどです。とくに二人とも、物理学の教科書シリーズを執筆したことで有名です。どちらも各国語に訳され、バイブル的教科書として特別な地位を獲得しています。ただしランダウの教科書は、論文と同じく、執筆はランダウ学派の一人で共同研究者であるリフシッツが担当しています。リフシッツはある講演会で尋ねられました。

「『理論物理学教程』はどのようにして書かれたのですか?」

「万年筆を使いました。万年筆は私のものです」といって万年筆を高く掲げました。

「内容は?」

「それはランダウ教授のものです」

さらにランダウとファインマンの共通項を探すと、ファインマンもじつはヘリウムの超流動について重要な理論を発表しています。ランダウの超流動理論は、ランダウの天才的直感によるところが大きく、細かいところは説明がされていませんでしたが、その点をファインマンが補完したのです。なお、ファインマンも1965年に日本の朝永振一郎らとともにノーベル物理学賞を受賞していますが、それは超流動の研究ではなく、別のすばらしい研究成果に対して与えられたものでした。

第 6 章

フェルミ粒子と超伝導

フェルミ粒子に共通の性質

前の章でボーズ粒子に共通の性質をお話ししたので、今度はフェルミ粒子に共通した性質にはどのようなものがあるかを説明します。とくにボーズ粒子には、超流動という派手な現象がありましたが、似たような現象はフェルミ粒子にもあります。それは超伝導です。しかも超伝導と超流動は親戚同士の関係にあり、深いところでつながりを持っています。この点については追い追い明らかにしていきましょう。

超伝導と超電導

電気抵抗がゼロになる超伝導と呼ばれる現象があります。その名は、新聞にもよく取り上げられるので、ご存じの方も多いことでしょう。たとえばＪＲ東海のリニアモーターカーは超伝導を利用した乗り物ですし、医療機器のＭＲＩにも超伝導物質が使われています。超伝導物質には電気抵抗なしに電気を流すことができるため、コイル状に巻くことで、強力な電磁石が得られます。この電磁石を使って車体を浮かしたり前に進ませたりするのがリニアモーターカーであり、電磁石が作る磁場を利用した医療用検査機器がＭＲＩです。

ところで超伝導という言葉は、超電導と書かれることも多くあります。一般に物理学では超伝導、工学系では超電導と書くことが多いのですが、新聞などの報道機関は、物理学よりも産業界の報道を多く行うため、必然的に超電導という文字を使う頻度が高くなっています。それぞれの分野で、使う漢字に思い入れがあるので、いまだに統一されていません。本書では、物理学の視点から説明するので、超伝導の文字を使います。

ボーズ粒子が超流動を起こせたのに対し、フェルミ粒子は条件が整うと超伝導を起こすことができます。その条件については後に説明するとして、まずは超伝導の発見の歴史、そしてそのメカニズム解明の歴史についてご紹介しましょう。

オネス

超伝導の発見

超伝導は、オランダのカマリン・オネス（1853〜1926）によって発見されました。前章でヘリウムが約4ケルビンで液体になることを説明しましたが、それをはじめて実現したのもオネスです。超伝導を発見する3年前のことです。

冷却技術の開発に長《た》けていたオネスは、その技術を使っていろいろな金属を冷却した上で電気を流し、抵抗を測定

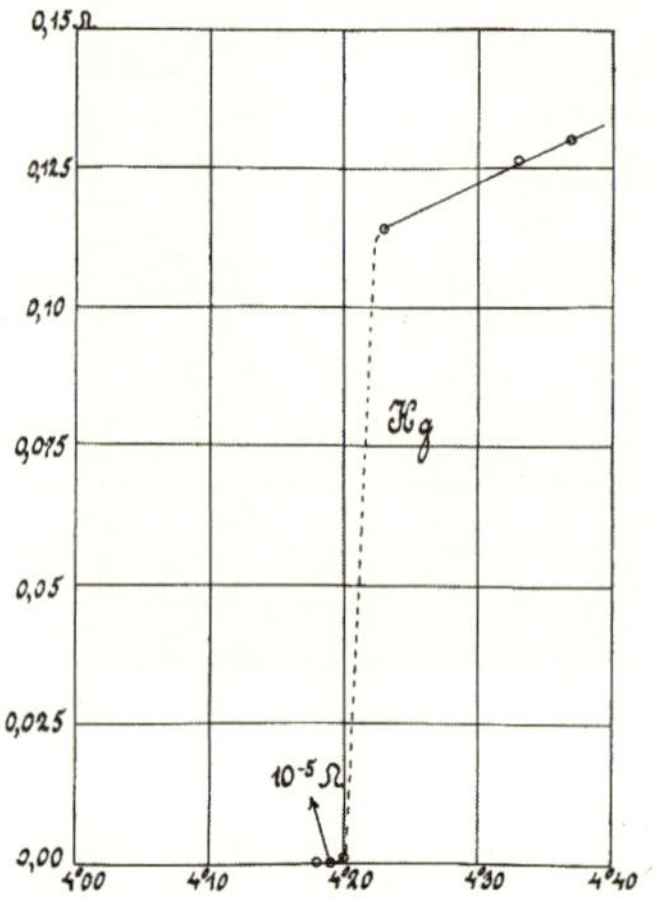

図6-1　オネスの手書きによる水銀の抵抗（縦軸）と温度（横軸）のグラフ

していました。そして1911年、温度を変えながら水銀の電気抵抗を測っていたオネスは、4・2ケルビンで急に抵抗がゼロになることを発見しました（図6－1）。また、抵抗が消える温度は異なるものの、ほかの金属でも同じ現象が現れることを確認しました。こうして超伝導現象が世に知られることになったのです。

温度を下げると電気抵抗が小さくなるということは知られていましたが、当時はまだ十分な冷却技術が確立されておらず、オネスが到達したような低温にまで金属を冷やしたことがありませんでした。しかしヘリウムを液体にするくらいの冷却技術を持っていたオネスは、誰も試したことがなかったような低い温度にまで金属を冷やし、新しい現象を発見することができたのです。この業績により、オネスは1913年ノーベル物理学賞を受賞します。超伝導を意味する英語の単語は、このオネスが作ったものです。

ありふれた超伝導現象

オネスが水銀が超伝導になることを発見して以来、さまざまな超伝導物質が見つかっています。単独で超伝導物質になる金属元素や、化合物を作ることで超伝導物質になるものなど、数え切れないほどの種類の物質が超伝導になります（図6-2）。つまり、今や超伝導は決して珍しいものではなく、ありふれた現象なのです。これほど多くの物質が超伝導になるということは、その発生メカニズムが特定の物質にだけ存在するような特殊なものではなく、いろいろな金属が共通して持っている要素から超伝導が発生しているということを意味しています。その点については、後で超伝導の理論を紹介するときにふたたび触れることにしましょう。

超伝導はとても派手な現象です。電気抵抗がなくなるのであれば、産業的にもいろいろ応用が考えられます。たとえば、電線を超伝導状態にすれば、電気をロスなしに送ることもできますし、その電線でコイルを作れば、そこに電流が永久に流れ続けるために強力な電磁石が作れることになります。実際、ＪＲ東海のリニアモーターカーでは、車体を浮かせたり動かしたりするための磁石として、超伝導物質で作った超伝導磁石が使われています。

先ほどの超伝導と超電導という、使用する文字の違いは、まさにこのような電気的応用の側面から来ています。すなわち、工学系では今述べたような、超伝導物質では電気抵抗がゼロになるという産業的にとても重要な電気的性質に注目するために超電導と書きます。しかし物理では、電気抵抗ゼロは副産物であり、興味の対象はむしろほかの性質にあります。というのも、超伝導物質は、電気抵抗がゼロになるだけではなく、たくさんの一見非常識と思える性質を持っており、そのいずれにも奥深い物理的背景が潜んでいるからです。つまり、超伝導という現象は、単に電気伝導が「超」というだけでなく、電気的性質以外についても「超」なのです。そのため物理の研究者は、超電導という言葉を使わずに、超伝導（電気以外の伝導も含めて、さまざまな伝導が普通と違う）と書いているのです。

フェルミ粒子は超伝導を起こす

超伝導には、明らかに金属内の電子が関わっています。電子はフェルミ粒子なので、フェルミ粒子が起こす現象だともいえます。実際、後に解明されるように、超伝導は電子でなければならないわけではなく、フェルミ粒子であれば何でも起こりえます。ただし、電子は電気を持っており、電子が動くと電流が流れますが、電気を持たないフェルミ粒子（たとえばフェルミ粒子に分類される原子）は、動いたとしても電流は発生せず、単に粒子が移動しているだけです。とはいえ、どちらも抵抗ゼロで粒子が流れることができる超伝導であることには変わりありません（電気を持たないフェルミ粒子による超伝導を議論するとなると、ますます電気に注目した超電導という表現を使いづらくなります）。

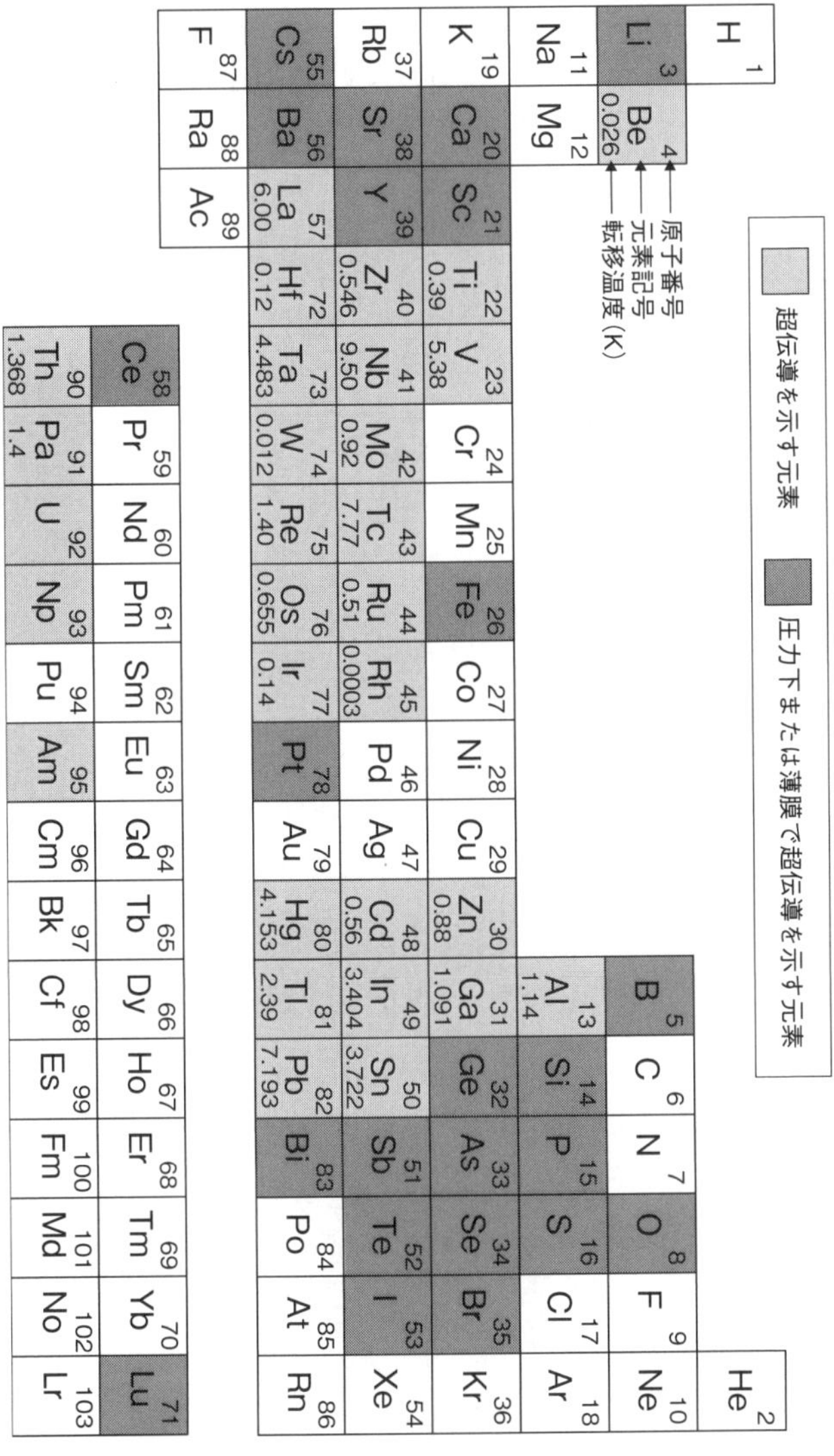

図6-2　超伝導を起こす元素

以下の話では、フェルミ粒子の代表格である電子の超伝導に的を絞ります。歴史的に超伝導の解明は、金属中の電子を念頭に行われたからです。ただしその解明されたメカニズムは、電子に限定されるわけではなく、フェルミ粒子であればどんなものにでも適用できるものです。

ついに難問が解決！

1911年にカマリン・オネスが超伝導を発見して以来、実験的には研究が進んだものの、理論的にはなぜそのような現象が起きるのか、まったくわかりませんでした。もちろん理論の進展もいろいろあったのですが、核となる本質部分については大きな謎だったのです。

数学では難問が何世紀も経てから解決することがあります。超伝導はそこまでの長期間ではないにせよ、多くの人が挑んだにもかかわらず半世紀近く解決しなかったという、物理学の歴史においてはトップクラスの難問でした。これをついに解決したのがアメリカの3人組の理論物理学者です。このグループは、それぞれの頭文字を取って、ＢＣＳと呼ばれます。

超伝導の発見から半世紀近く経過した1957年、アメリカのイリノイ大学のジョン・バーディーン（1908〜1991）、レオン・クーパー（1930〜）、ジョン・ロバート・シュリーファー（1931〜）は、超伝導が発生する機構を解明した論文を発表しました。当時バーディーンは教授、クーパーは研究員、シュリーファーは大学院生でした。

（左から）バーディーン、クーパー、シュリーファー

じつはこのグループの指導的立場にいたバーディーンは、すでに世界に知られた大物でした。現代のエレクトロニクスに欠かせないトランジスタは、バーディーンがベル研究所にいたときに、ほかの研究者らとともに開発したものなのです。トランジスタの開発によりバーディーンは1956年にノーベル物理学賞を受けていますが、その翌年にBCSが超伝導理論を発表し、1972年に超伝導現象の理論的解明に対して2度目のノーベル物理学賞を受賞します。ノーベル物理学賞を2度受賞したのはこれまでのところバーディーンだけです。しかもトランジスタの発明と超伝導の解明という、物理学にとどまらず、産業界にも激震を起こすような業績を上げたのですから、もっと一般に知られるべき人物だと思います。

BCS理論

BCSたちが解明したことは、2段階で構成されています。ひとつは、金属中では電子の間に引力が働くために、すべての電子が対を形成しているということ、もうひとつは、電子が対を形成すると超伝導が起こるということです。電子の間になぜ引力が働くのかという点については、とりあえず後回しにしましょう。まずは、電子同士に引力が働くと、対を形成するということを論じたのがBCSの一人、クーパーです。そのためこの対を、クーパー対あるいはクーパーペアと呼びます。クーパーが示したのは、フェルミ面（第3章のたとえ話で説明しましたね）があると、わずかな引力でも対が形成されるということです。もちろん温度が高いと、電子はバラバラに運動するようになるので、クーパー対は壊れてしまいます。しかし十分に低温であれば、一般的な金属の中では、電子間の引力により電子が対を作っているということが示されたのです。

超伝導は多くの金属に見られるありふれた現象であることを前にお話ししましたが、その一般性の理由のひとつが、クーパーが示したこの対形成理論です。さらにこの後でお話しするように、電子が対を形成すると超伝導になることを示したBCS理論もひろく一般的に成り立つ理論です。これらの汎用性の高い理論により、幅広い物質に超伝導が見られることが説明されているのです。

それでは電子が対を組むと、なぜ超伝導になるのでしょうか。その理解のため、もう一度超伝導現象に目を向けましょう。超伝導が驚くべき現象である理由のひとつが、電気抵抗の消失です。ある温度よりも低温になると金属の電気抵抗がなくなって、電気がスイスイ流れるのは確かにすごい現象なのですが、ここでいったん立ち止まって考えてみてください。なぜ電気抵抗がないことが驚くべきことなのでしょう。なぜ電気抵抗があるのが「当たり前」なのでしょう。これが当たり前であることを理解しないと先に進めないので、まずは電気抵抗の起源を探っていきます。

電気抵抗があるのは本当に常識?

電気抵抗は、物質（固体でなくても気体でも液体でもかまいません）に電気を流すときの流れにくさを表します。抵抗がある、すなわち流れにくい、というときは、何かが電気が流れようとするのを邪魔しているはずです。通常の物質の場合、電気の担い手は電子です。したがって、電子が物質中を進むのを阻むものがあるため、電気抵抗が生じているのです。電子の行く手を阻むものとは、一体何でしょう。

物質は原子や分子が集まってできています。ではそれらの原子や分子が、電子が流れるのを邪魔しているのでしょうか。原子も分子も極めて小さいので、金属の中には無数といっていいほどの原子が含まれています。それだけたくさんの原子の隙間を縫いながら電子は進んでいくので、それはさぞ苦労するだろうという気もします。しかし本当にそうでしょうか。

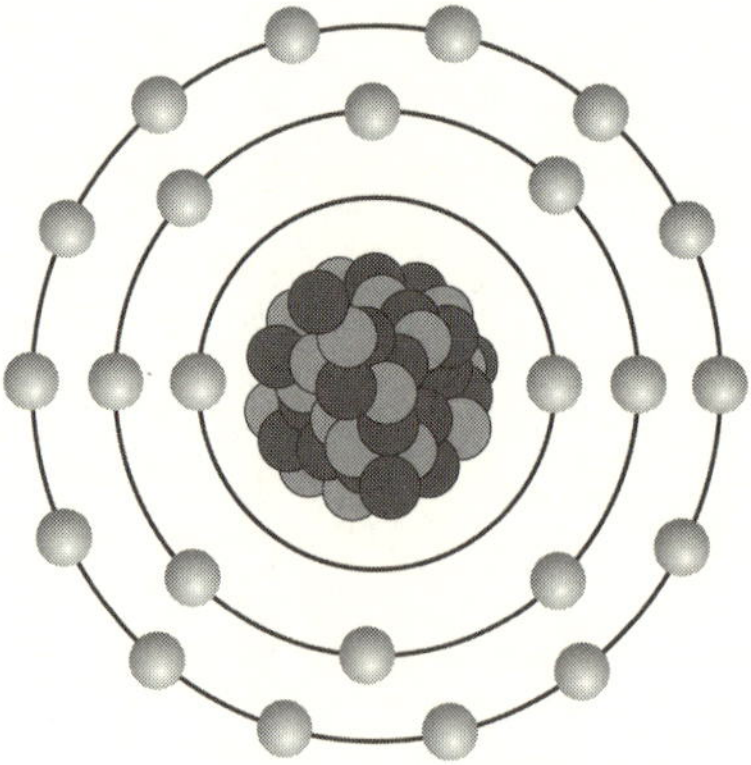

図6-3　原子の構造

原子は、決してボールのように中身の詰まった粒子ではありません。すでにご存じのように、原子は中央に原子核があり、その周囲に電子がいます。原子核は中性子と陽子が集まってできたものですが、ここでは1つの粒子として扱いましょう。図6-3に、ある原子の構造を示しました。中央にいるのが原子核で、それを取り巻くように軌道上に乗っているのが電子です。ただし当初から強調しているように、粒子には波としての性質もあるので、このように粒子の形で描くのは正しくありませんが、波を絵にするのは難しいので、とりあえずこの絵で我慢してください。

実際、このような絵はよく描かれますが、粒子が波だという点以外に大きな誤りがあります。それは、粒子の大きさです。原子核も電子も、こんなに大きくないのです。原子全体の大きさも、原子核の大きさも、原子の種類によって異なりますが、おおざっぱにいえ

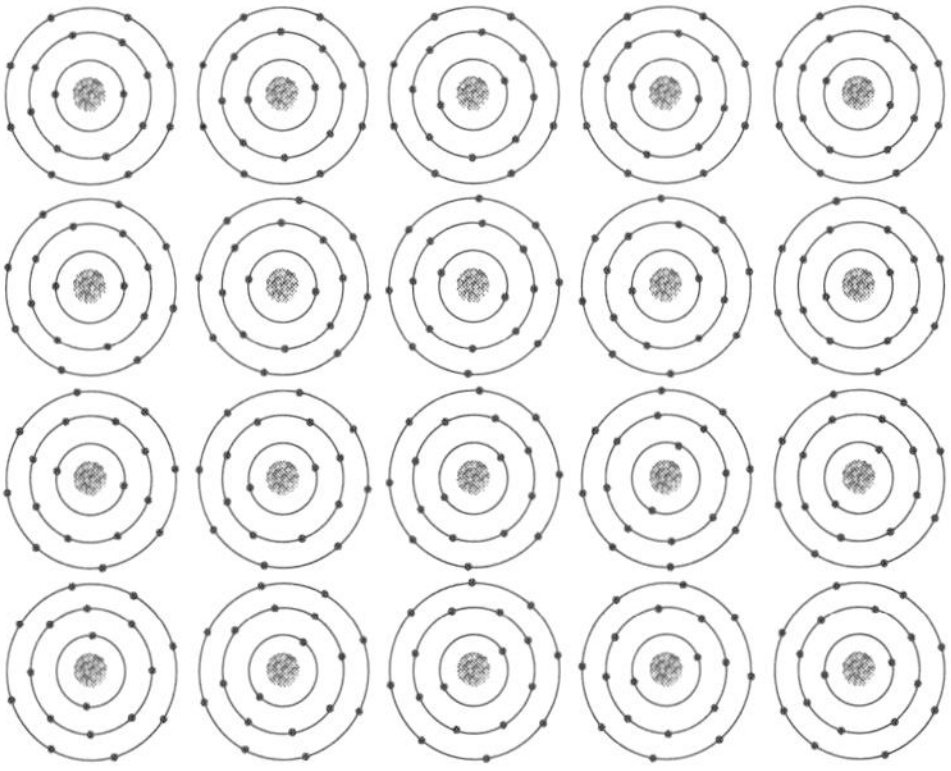

図6-4　原子が規則正しく並んだ結晶

ば、原子核の大きさは原子全体の10万分の1程度しかありません。原子を目に見える大きさの絵に描いた場合でも、原子核はとても目に見えるような大きさではないのです。図の原子の絵でいえば、原子核は点として表すことすらできないほど小さいのです。さらに電子に至っては、大きさを持つかどうかもはっきりしていません。

つまり、原子はほとんどスカスカなのです。ということは、原子が集まってできた物質も中はスカスカであり、ほとんどの部分を真空が占めているといえます。それでも原子がランダムに並んでいれば、物質中の原子は無数といっていいほどたくさんあるので、その中を進もうとする電子をはじき返すことができるかもしれません。

しかし結晶はどうでしょう。結晶とは、原子が規則的に並んだ固体です。結晶を絵に描くと図6－4のよ

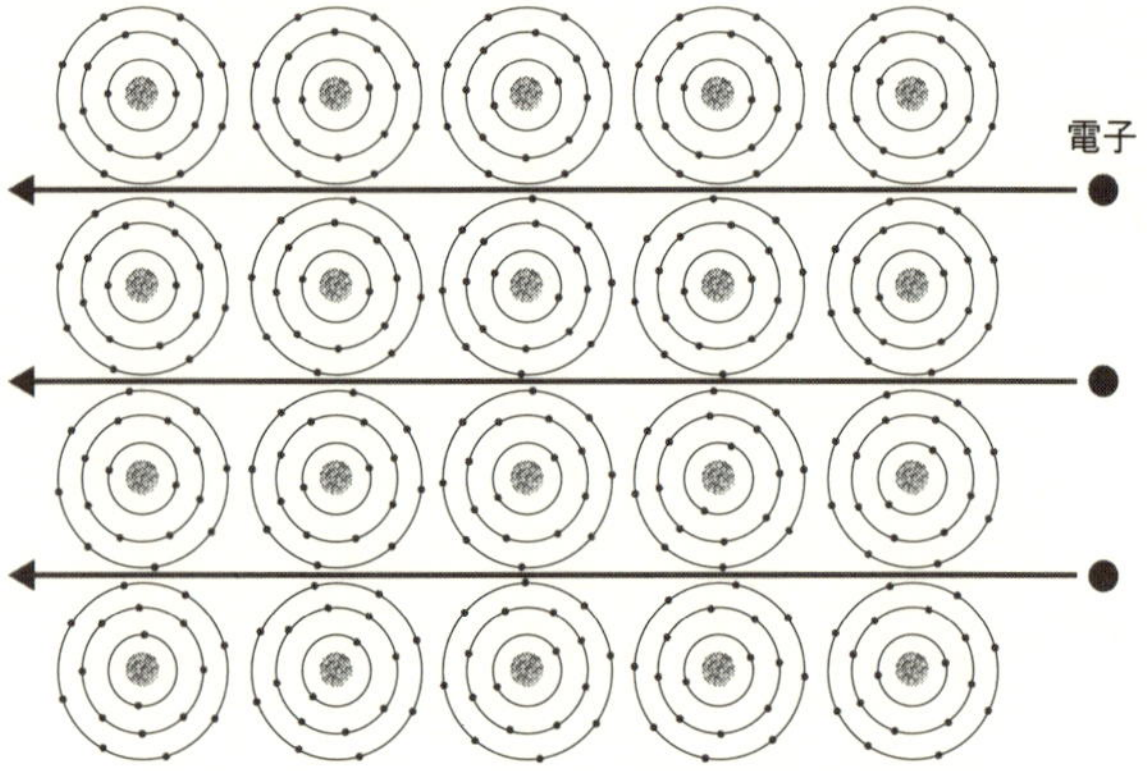

図6-5　ほとんどスカスカの中を電子が進む

うになりますが、もちろん先ほどからいっているように、原子核も電子もこの絵にあるような大きさでは決してなく、圧倒的に小さいため、ほとんどが何もない空間です。しかも原子はきれいに並んでいるので、この中を通る電子にとっては、向こう側が見えるくらい通り道ができあがっているといっていいでしょう。そのようなスカスカな状態では、電子の進行を妨げるものなど何もなさそうです（図6-5）。どうやら、電気抵抗が存在するのは常識でしょ、とはいい切れないようですね。

電気抵抗の常識

しかし実際の結晶は電気抵抗があります。それはなぜなのでしょう。先ほどまでの説明は、じつは実際の結晶には当てはまらないからです。

実際の結晶は図6-4のようなきれいな形をしてい

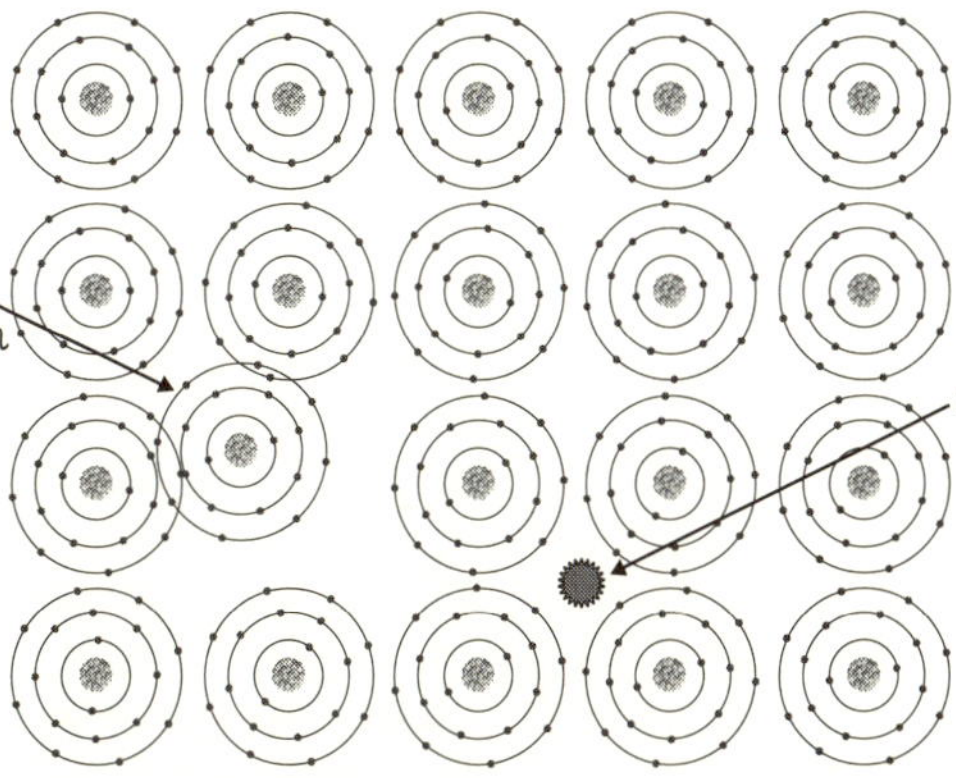

図6-6　現実の結晶に見られる原子配置のずれや不純物

ません。現実はそう甘くはないのです。私たちの身の回りの結晶は、確かに結晶という名が付いているだけあって基本的には原子が規則的に並んでいます。しかしよく見ると、ところどころ不純物が含まれていたり、一部の原子の位置が本来あるべきところからずれていたりします。世の中の結晶は、決して完璧ではなく、自然界に存在する結晶はもちろんのこと、人工的に作った結晶にも何らかの原子配置のずれや不純物が存在しています（図6-6）。これに対して、図6-4のようなある意味非現実的な結晶を「完全結晶」と呼びます。完全結晶は理想的な結晶ですが、現実には不純物や原子配置のずれを取り除くことは極めて難しく、これらによって電子の通り道がふさがれて電気抵抗が生じます。つまり現実の結晶は、絶対零度でも電気抵抗はゼロにならないのです。

なお、完全結晶がもし手に入れば、その電気抵抗はゼロです。しかしそれは超伝導ではありません。超伝導はある有限の温度まで超伝導状態が続きますが、完全結晶は絶対零度（これ以上冷やすことができないという最低の温度）のときだけ電気抵抗がないものの、少しでも温度を上げると抵抗が生じるのです。温度と電気抵抗の関係は、完全結晶だけでなく実際の結晶でも成り立つので、その点を少し説明しておきましょう。

原子が規則正しく並んでいられるのは、それぞれの原子が動いていない場合です。絶対零度ではそれは正しい姿です。ところが温度を上げる、すなわち熱を与えるとどうなるでしょう。熱を受け取った物質は、それを構成する原子や分子が激しく振動している状態になります。そのため原子の規則正しい配列が壊れるのです。もちろん完全に壊れるわけではなく、それぞれの位置において小刻みに振動しているだけです（さらに温度を上げると、振動が激しくなり、やがてそれぞれの位置に原子がとどまることもなくなって、全体的に配列が崩れてしまいます。これは結晶という固体が液体になったことを意味します）。そうなると、原子がランダムに並んだ場合と同様に、原子と原子の隙間を電子が進もうと思っても、途中で振動により移動してきた原子核や電子に衝突してしまうこともあるでしょう。こうして電子は進みづらくなり、電気抵抗が生じます。

以上により、絶対零度から温度を上げると電気抵抗が増すことがわかりました。絶対零度では電気抵抗のない完全結晶でも温度を上げれば抵抗が生じますし、ましてや身の回りの結晶は絶対零度ですら電気抵抗があり、そこからさらに温度とともに抵抗が増していくのです。

これまでの説明で、電気抵抗があるのが「当たり前」だということがわかっていただけたと思いますが、それはここで説明した内容を踏まえた上での「当たり前」だということも忘れないでください。

では、物質中には電子の流れを妨げるものとして不純物、原子配置のずれ、温度による原子振動などさまざまな要因があるにもかかわらず、なぜ超伝導物質では障害物がないかのように電子は流れることができるのでしょう。これでようやくその不思議さが際立ってきたはずです。

電気抵抗は悪者なのか

ところで、電気抵抗は決して困った存在ではありません。抵抗なく電気が流れる超伝導が夢のような現象として語られることが多いため、電気抵抗は文字通り「抵抗勢力」として扱われてしまいがちですが、抵抗がないと実生活でいろいろ困ることが出てきます。一番身近な例としては、抵抗によって熱が発生することを利用した家電製品です。暖を取るためのヒーターや、電気オーブン、トースター、電気コンロなど、電気を使って熱を発生させる装置の多くが、電気抵抗により発生した熱を利用しています（電磁調理器やエアコンなどは、これとは異なる方法で熱を発生させています）。

電気抵抗を利用して熱を発生させるオーブン

電気抵抗があると熱が発生するのも、先ほどの説明から明らかだと思います。絶対零度でないかぎり原子は振動していますし、もともと原子配置に乱れがあったり不純物が含まれていたりなど、電子の流れを止めるものがあるために抵抗が生じていましたね。しかし原子や不純物の立場で考えるとどうでしょう。電子が次から次へ流れてきて衝突するのです。電子は軽いので、はじき飛ばされるのは電子の方ですが、それでも大量の電子がぶつかってくると、原子や不純物も当然のことながら突き動かされます。すなわち熱によって振動している原子や不純物を、さらに激しく振動させます。激しい振動ほど高い温度に対応するので、電子が原子や不純物に衝突することによって、物質の温度が上がり、熱が発生した状態になるのです。

超伝導が超流動と親戚である理由

電気抵抗が生じる原因がわかったので、いよいよ電子が対を組むと超伝導になって抵抗がなくなる理由を説明しましょう。そのヒン

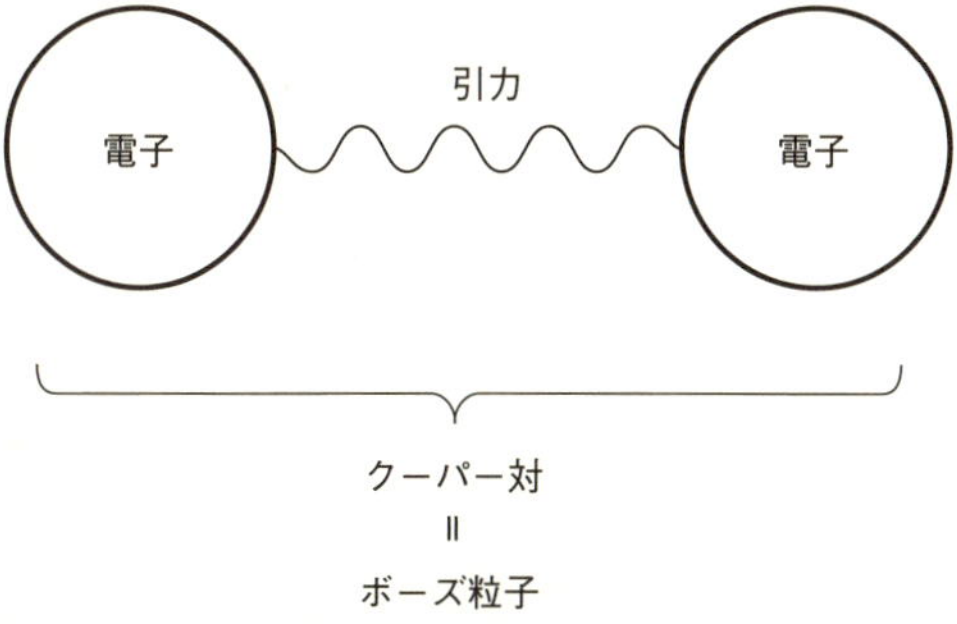

図6-7　2つの電子が結びついて1つのボーズ粒子になる

トは、超流動にあります。前章でボーズ粒子がボーズ・アインシュタイン凝縮し、超流動と呼ばれる現象を起こすことを紹介しました。すべてのボーズ粒子が同じ状態になるのがボーズ・アインシュタイン凝縮であり、同じ状態になることで粘性ゼロとなって不思議な超流動現象を示すという説明でした。しかしそれはあくまでもボーズ粒子の話であり、電子あるいは一般的なフェルミ粒子は、すべてが同じ状態になることはできません。パウリの排他律がそれを禁止しているからです。

ここで重要なことを思い出してください。第3章でお話ししたことです。そこでは、

2つのフェルミ粒子をまとめて1つの粒子とみなすと、それはボーズ粒子である

ということを説明しました。ということは、フェルミ粒子である電子が対を形成すると、その対はボーズ粒子と考えるこ

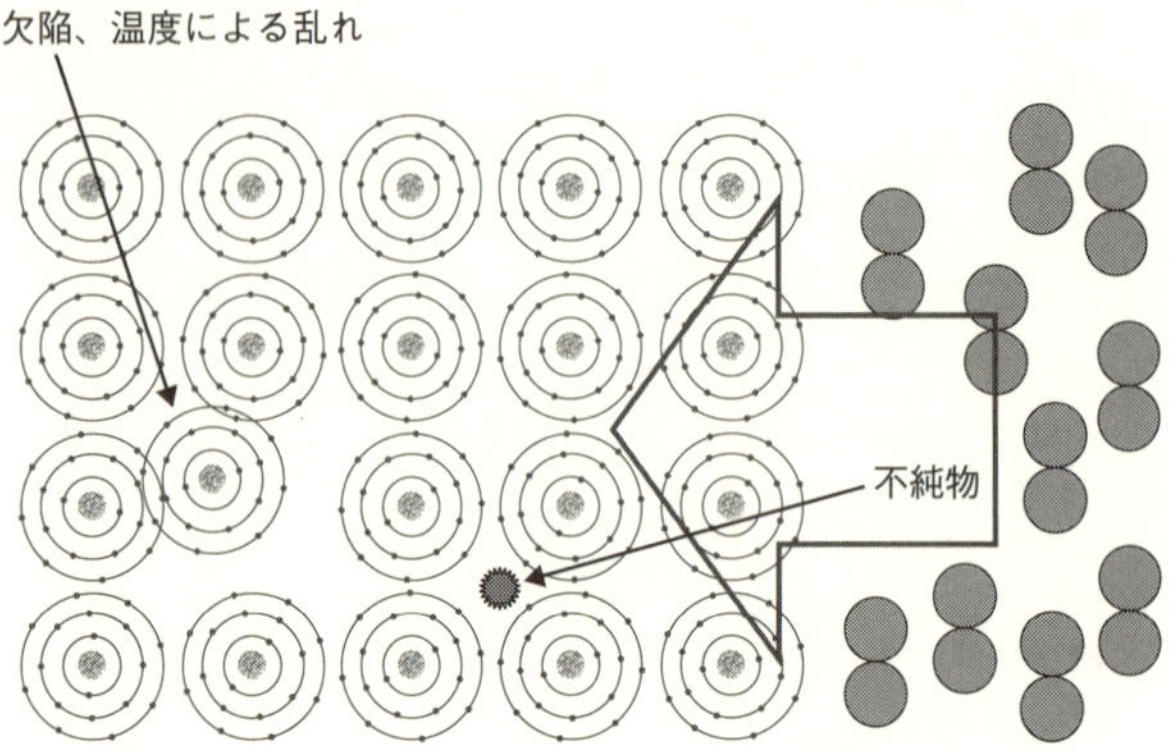

図6-8　クーパー対が凝縮した状態で物質中を流れる

とができます（図6－7）。すべての電子が2個ずつ対を組めば、その対がすべてボーズ粒子に変身するのです。

ここまでくると、何となくシナリオが見えてきたかもしれませんね。電子が対を形成してできたボーズ粒子が低温でボーズ・アインシュタイン凝縮すると、それらは同じ状態を取ることになります。量子力学的にいえば、すべてが同じ波となるのです。電子の間に引力が働かなければ、電子はバラバラの動きをし、それぞれ勝手な波の形を取りますが（もちろんパウリの排他律によって同じ波はひとつもありません）、引力が起源となって2つの電子が対を形成して1つのボーズ粒子になったとたん、すべてが1つの波となるのです。電子は数え切れないほど存在しているので、その全体が1つの波を作ると、とんでもない大波ができあがります。そして電子が物質中を流れるとき、その大波が物質内に押し寄せることになります（図6－8）。軽い電子の1つや2つは、先ほどから説明している障害物が跳ね返すことも可能ですが、すべての電子が含まれる大波を押し返す力は、さすがの障害物にもありません。そのため、この電子の大波は障害物などないかのように、物質中を流れていくのです。つまり電気抵抗はゼロになるというわけです。

クーパー対は重なっている

ここまでの話は、「引力により電子が対を作り、それを1つの粒子と見ればボーズ粒子でしょ、だからボーズ・アインシュタイン凝縮しますよね」という論理に基づいていました。これは大まかには正しいのですが、少し事実と異なります。そこでもう少し正確な話をしましょう。

電子の間に引力が働いてクーパー対を形成するというのは、確かに間違っていません。ところがそこからが問題です。2つの電子は、原子が結合して分子を作るようには、対を作らないのです。クーパー対はかなりの広がりを持っており、2つの電子の間には距離があるのです。そのため、2つの電子をまとめて1つのボーズ粒子とみなすという説明には、やや無理があります。とはいえ、2つの電子すなわち2つのフェルミ粒子がボーズ粒子として振る舞うという筋書きは、間違っていませんし、そのことが実際に超伝導を引き起こすキーポイントとなっています。互いに離れたところにある2つの電子を1つのボーズ粒子と呼ぶところに違和感があるのです。

ここで思い出していただきたいのが、電子は粒子でもあり波でもあるという量子力学の教えです。2つの電子が離れたところにいるという言い方自体、粒子であることを前提としています。しかし電子は波としての性質を持っています。むしろミクロな世界では、波としての性質が強く現れます。波は粒子と違って広がっているので、2つの粒子が離れているという表現も適切ではありません。先ほど書いた、「2つの間には距離がある」というのは、正しくは、「2つの間には距離がある確率が高い」というべきです（波と確率との関係については第3章を参照してください）。

電子は波なので、2つの電子が離れたところにいる確率が高いとしても、それぞれの電子を表す波（波動関数）は広がっていて、重なり合っています。そのため、2つ合わせて1つの波を作っているといえます。この1つの波を、1つのボーズ粒子の波であると解釈すれば、先ほど説明した超伝導の仕組みにつながります。先ほどはこのあたりのことを飛ばし、クーパー対は2つの電子からできているからボーズ粒子だと強引に結論づけていましたが、実際には今お話ししたように、さらに奥深い議論が必要なのです。

以上が超伝導が起きる仕組みです。ここで重要なのは、いうまでもなく、電子が対を形成するという点です。そして電子が対を組むのは、電子と電子の間に引力が働いているからです。ということは、超伝導が発生するのに、その引力の種類は関係なく、引力の存在自体が重要なのです。正確には、引力の種類によって、発生する超伝導の種類も変わってきます。しかし超伝導に欠かせないのは電子間に引力が働いているという事実であり、それがどこから来たものなのかは別の問題です。実際、電子間の引力には、いろいろな種類があります。これから引力の起源についてお話ししますが、それはあくまでも一例（といってもほとんどの超伝導物質はこの引力によるものです）であり、別の種類の引力もあることをあらかじめお断りしておきます。

なぜ電子はペアになりたがるのか

電子が対を形成するのは、引力が働いているからだということをお話ししました。そして、引力にはいろいろな起源があることも前述した通りです。ここではそのなかでもっとも多く見られる種類の引力についてお話しします。実際、ほとんどの超伝導物質では、これから説明するメカニズムにより、電子の間に引力が働いているのです。

まず、超伝導になりやすい金属は、以前お話ししたように、結晶の形を取っており、原子が規則正しく並んでいます。金属中で電流を担う電子はどこから来たかというと、結晶の中で整然と並んだ原子の一つ一つから飛び出したものです。原子は単独では電気的に中性ですが、金属中ではマイナスの電気を持った電子を放出しているので、プラスの電気を持っています。これは次のようにして簡単にわかります。原子の構造を思い出してください。原子では、プラスの電荷を持った原子核の周囲に、その電荷を打ち消す分だけの電子が存在しています。電子が飛び出していくと、プラスとマイナスのバランスが崩れ、プラスが過多の状態になりますね。つまり金属の中では、プラスの電気を持った原子が規則正しく並び、その隙間に電子が漂っているのです。

さて、1つの電子に注目しましょう。その電子は、原子と原子の間のどこかにいます。プラスの電気とマイナスの電気は引きつけ合う性質があるので、電子は原子に引き寄せられますが、原子も電子にわずかながら近づいていきます。整然と並んでいた原子が、その電子の周囲だけ配列が少し歪むことになるのです。

原子に比べて電子は極めて軽い粒子です。そのため物質中では高速で動いています。反対に原子は電子に比べれば重いので、ゆっくりと動きます。先ほど注目していた電子は、その場所にとどまっているわけではなく、あっという間に別のところに移動していきますが、引き寄せられていた原子は、電子が遠くに行ってしまっても、元の配列に戻るのに時間がかかります。つまりそのとき、電子がもはや存在していないのにもかかわらず、原子が1ヵ所に向かって引き寄せられているような場所が一時的に生じているのです。

図6-9の右側の電子（マイナスの記号がついています）を見てください。周囲の原子（プラスの記号がついています）が少し引き寄せられていますね。原子はプラスの電気を持っているので、その場所はほかのところと比べてプラスの電気がいくらか集中しています。しかし電子はあ

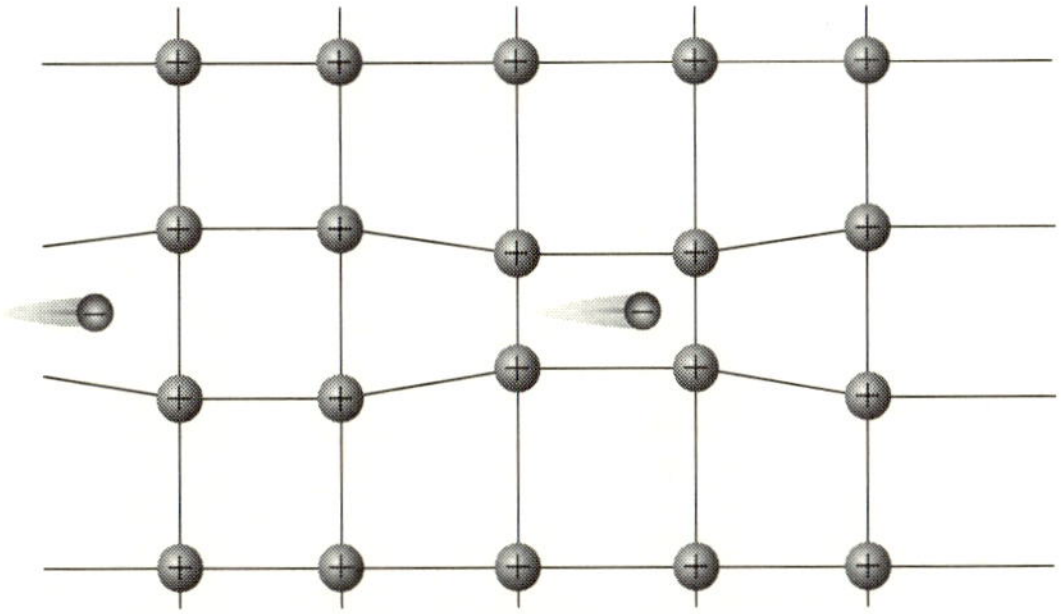

図6-9　1つ目の電子が原子配列を歪ませ、プラスの電気が集中した場所に2つ目の電子が引き寄せられる

っという間にどこかに行ってしまいます。マイナスの電気はすぐにいなくなりますが、プラスの電気はまだしばらくはその場所にとどまっているので、近くにいる別の電子が、「あそこにプラスの電気が集まっている！」とばかりに、引き寄せられてきます。図の左側の電子です。結果として、最初に電子がいた場所に2つ目の電子が引き寄せられてくるのです。

ここで図の中から原子の絵を消したらどうでしょう。あたかも、1つ目の電子が2つ目の電子を引き寄せているかのように見えませんか。つまり、背景にある原子が仲介することにより、2つの電子に引力が生じているのです。これがもっともよく見られる電子間の引力です。

この説明から明らかなのは、原子の質量が引力に関係しているという点です。同じ元素でも、原子核に含まれる中性子の数によって原子の質量は異なります。同じ元素で中性子の数が異なるものを同位体といいますが、同位体によって引力の強さが変わり、それが原因で超伝導になる温度が変わります。同位体によって超伝導になる温度が異なることは、早くから実験的にわかっていましたが、ＢＣＳの一人のバーディーンはまさにそこに注目し、超伝導の起源には、超伝導を担う電子だけでなく周囲の原子が関係しているはずだと見抜いたのです。

高温超伝導フィーバー

１９８６年、世界に衝撃が走りました。物理学史上、これほど社会的な大騒ぎになったできごとはないのではないでしょうか。相対性理論や量子力学の誕生は、物理学的意義からすれば、一、二を争う大イベントですが、その重要性は徐々に理解されたという面もあり、大騒ぎが起きたというわけではありません。しかし１９８６年のできごとは、まさに大騒ぎでした。

そのできごととは、高温超伝導物質の発見です。じつはＢＣＳ理論に基づいて計算すると、物質が超伝導になる温度（転移温度）は、高くても40ケルビン程度だということが以前からわかっていました。そのため、超伝導物質の産業利用となると、その温度まで冷やさなければならないわけですから、容易ではありません。実際、この高温超伝導物質が発見されるまでは、最高で23ケルビンの転移温度を持つ物質しか見つかっていませんでした。

ところがスイスの研究所にいたヨハネス・ゲオルク・ベドノルツ（１９５０〜）とアレック

（左から）ベドノルツ、ミューラー

ス・ミューラー（1927〜）が、転移温度35ケルビンの物質を見つけたのです。わずか12ケルビン最高記録を更新したにすぎないと思われるかもしれませんが、そんなことはありません。カマリン・オネスが発見した水銀の超伝導転移温度は4・2ケルビンでした。その後およそ70年の間にいろいろな超伝導物質が見つかり、転移温度の最高記録も徐々に上がり、最終的には23ケルビンまで到達していました。単純にいえば、70年で約19ケルビンの上昇ペースです。

ところがベドノルツとミューラーは、これをいきなり12ケルビン上回る超伝導物質を発見したのです。それまでの常識からしたら、考えられない大幅な記録更新です。しかもそれだけであれば、転移温度はせいぜい40ケルビンまでという予測の範囲内なので、それほどの大騒ぎにならなかったでしょう。大騒ぎの原因は、この高温超伝導物質がこれまでまったく標的とされていなかった物質であり、それを改良することでまだまだ転移温度が上げられるとみられたからです。そして実際にその通りになったのです。

わずか1年後、転移温度が90ケルビンを超える物質が見つかります。理論が予測する上限値をあっという間に抜き去ってしまいました。さらに、100ケルビン以上の転移温度を持つ物質も、短期間のうちに次々見つかっていきます。

この高温超伝導フィーバーは、世界を席巻しました。これほどの高温（といっても、摂氏温度でいえばマイナス100℃以下ですが）でも超伝導になるのであれば、いずれは冷やさなくても常温のまま超伝導になる物質が見つかるのではないかと、物理学者だけでなく、産業界も含めて多くの人が色めき立ったのです。大勢の研究者が自分の研究をいったんストップして、高温超伝導体の研究をはじめました。

私は当時大学院生でしたが、指導教授の助言もあり、高温超伝導体を研究することになりました。国際会議（といっても、会議ではなく、世界の研究者が集まって研究発表をする場）では人があふれ、大きな会場でも席を確保するのが難しいほどの熱気でした。リアルタイムで研究が進んでいくため、とくに実験をしているグループは大変です。発表の直前まで発表する内容に加筆し、研究室に残った人から最新のデータをファックスで受け取り（当時はインターネットが十分に普及していませんでした）、できたてほやほやの結果を発表していました。こんな異常事態は、そのときが最初で最後といっていいでしょう。

高い温度で超伝導になるのであれば、いろいろな応用が考えられ、産業界もこぞって高温超伝導の研究に乗り出しました。しかも、新たに見つかった高温超伝導物質は、結晶のようなきれいな物質だけなく、セラミックのような焼き固めた状態でも高い温度で超伝導になるという特徴を持っていたため、素人でも比較的簡単に作ることができました。高温超伝導体作成キットのようなものも販売され、すり鉢で材料を細かくすりつぶし、家庭用のオーブンで焼き固めると高温超伝導物質ができあがるという簡単なもので、研究者でなくても高温超伝導に親しむことができました。その手軽さから、今でも大学の学生実験の授業では、高温超伝導物質を作成するのが定番テーマのひとつになっています。

高温超伝導物質の発見により、それまで定説となっていた超伝導転移温度の上限が一気に破られました。このため、高温超伝導はＢＣＳ理論とは異なるメカニズムで生じているのではないかとの見方もされ、実験のみならず理論においても激しい論争を巻き起こす事態となりました。この事態は、現在でも完全に収拾がついたとはいえない状況です。ひとつの有力な説としては、電子が対を組むことは確実なものの、その引力の起源は背景にある原子の運動によるものではなく、電子のスピンが関係しているとする考え方があります。今後も精力的にこの分野の研究が進められていき、いずれは完全な解明に至ると信じています。

ベドノルツとミューラーには1987年にノーベル物理学賞が授与されました。そのあまりの衝撃により、ノーベル賞としては異例のことですが、発見の翌年の授与となりました。

電子以外の超伝導

超伝導は、オネスによる発見から高温超伝導まで、基本的には物質中の電子が示す現象でしたが、その発生機構のキーポイントは、2つの電子が対を作ってボーズ粒子となり、ボーズ・アインシュタイン凝縮するというところにありました。これは電子がフェルミ粒子だからできたことです。ということは、電子でなくても、フェルミ粒子であれば超伝導が起こりうることになります。

ただし、超伝導が示す現象には、それを担う粒子である電子が電気を持っていることに由来するものが多くあります。つまり、電子が電気を持っていなければ、超伝導が示す現象として広く知られたものの多くが、現れなくなるのです。たとえば電気抵抗がゼロになるという現象も、電子が電気を持っているから「電気抵抗」という概念があるわけで、電気を持たない粒子には電気抵抗という言葉はそもそも使いません。

しかし、電気を持たないフェルミ粒子も、粒子間に引力が働けば対を形成し、BCS理論が説明する機構によって超伝導状態と同じような状態になることは可能です。ただし、電気が流れていくことがないので、この状態を超伝導とは呼ばずに、超流動と呼ぶのが一般的です。そのためたんに超流動というとき、単独でボーズ粒子として存在している粒子が起こしている場合と、単独でフェルミ粒子に分類される粒子が対を形成したことで超流動になっている場合との2通りがあるので、注意が必要です。もっとも、後者については、電子が起こす超伝導と同じようなシナリオが成り立つので、電気を持たなくても超伝導と呼ぶこともあります。あるいはBCS理論に沿って発生する状態なので、BCS状態と呼ぶこともあります。本書では、単独の粒子で発生するものを超流動、粒子が対を形成して発生するものを超伝導と呼ぶことにします。

ヘリウム3

電気を持たない粒子が起こす超伝導の一例が、ヘリウムです。ヘリウムは、前章で超流動を起こす物質の代表格としてご紹介しました。そのとき取り上げたヘリウムは、陽子2個、中性子2個、電子2個を持つもので、とくにヘリウム4と呼ばれます。数字の4は陽子と中性子の合計の数を表しています。ヘリウム4は、陽子、中性子、電子をいずれも偶数個含んでいるので、全体として1つのボーズ粒子とみなせ、ボーズ・アインシュタイン凝縮を起こして超流動現象が発生するということでした。

一方、ヘリウムには、陽子2個（この数で元素の種類が決まります）、中性子1個、電子2個のヘリウム3というものもあります（図6－10）。中性子の数が異なるので、ヘリウム4とヘリウム3は同位体の関係にあります。ヘリウム3は、1つの粒子として見たとき、ボーズ粒子でしょうか、フェルミ粒子でしょうか。陽子と電子は偶数個ずつあるので、それだけ見るとボーズ粒子ですが、中性子は1個しかないので、ヘリウム3同士を交換したとき、その波動関数の符号は変わるはずです（中性子はフェルミ粒子なので）。つまりヘリウム3はフェルミ粒子なのです。そのためヘリウム4と違って、この同位体はボーズ・アインシュタイン凝縮を起こしません。

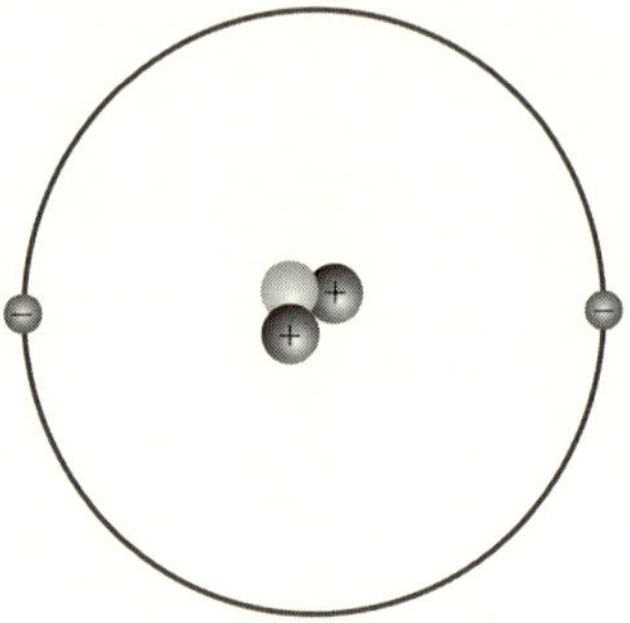

図6-10　ヘリウム3原子の構造

ところがヘリウム3には、粒子間に引力が働くので、超伝導になることができます。ただしヘリウム3は、物質中の電子のように、背景に原子が規則正しく配置されているわけではありません。液体状態のヘリウム3の原子だけで超伝導になるのです。すなわち、電子の場合とは異なるメカニズムで、ヘリウム3の原子間に引力が生じています。何が引力を生み出しているかについては、章を改めて第7章で説明することにしますので、しばらくお待ちください。いずれにしても、引力にはいろいろな種類があると以前お話ししましたが、ヘリウム3に働く引力も特殊な引

（左から）リー、オシェロフ、リチャードソン

力のひとつです。

ヘリウム４が超流動を示すことをカピッツァが発見したのが１９３７年のことでしたが、ヘリウム３の超伝導性が発見されるのはだいぶ後のことです。ＢＣＳの３人がノーベル賞を受賞した１９７２年、アメリカのデビッド・リー（１９３１〜）、ダグラス・オシェロフ（１９４５〜）、ロバート・リチャードソン（１９３７〜２０１３）がヘリウム３が超伝導になることを発見しました。３人はこの業績により、１９９６年にノーベル物理学賞を受賞しています。また、このヘリウム３の超伝導機構の理論に対しては、その先駆的貢献をしたイギリス生まれのアンソニー・レゲット（１９３８〜）に２００３年にノーベル物理学賞が授与されました。

結局、電子による超伝導、ヘリウム４による超流動、ヘリウム３による超伝導のいずれについても、発見した実験物理学者と理論的解明をした理論物理学者にノーベル賞が与えられているのです（表６－１）。それほどこれらの発見と発現機構の解明は、物理学史上画期的なできごとでした。

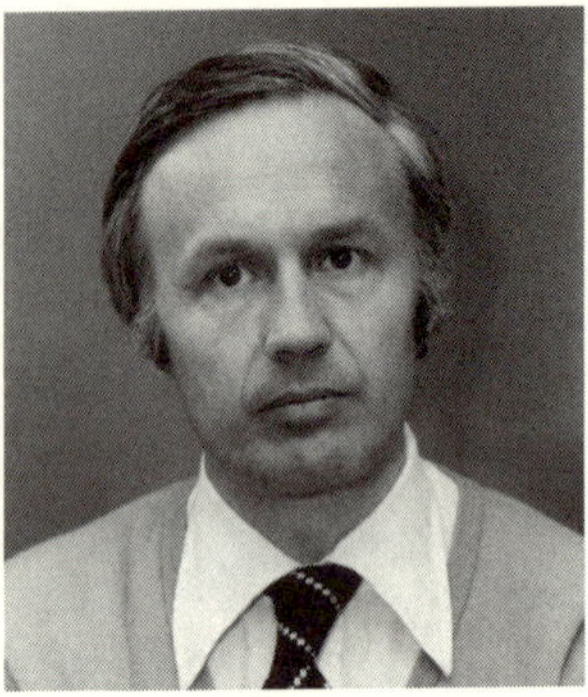
レゲット

冷却原子の超伝導

第5章で、巧妙な方法を使って原子を極限まで冷やし、ボーズ・アインシュタイン凝縮させることに成功した研究を紹介しました。そのときは、ボーズ粒子に分類される原子を冷却する話をしましたが、この実験ではフェルミ粒子に分類される原子（以下、それらの原子を総称してフェルミ原子と呼ぶことにしましょう）を冷やすこともできます。この実験で、極めて低温にまで冷やした原子のことを、「冷却原子」と呼びます。

フェルミ原子を単に冷やすだけでは、第3章でビルの中の社員のたとえでお話ししたような、フェルミエネルギーのところまできっちりと座席が埋まったような状態になるだけです。ところがこの冷却原子の実験では、ある手法を用いて原子の間に人工的に力を発生させることが可能です。引力でも斥力でも作り出すことができ、その強さも変えられるのです。すると興味が湧いてくるのが、フェルミ原子の間に引力を作り出すと、超伝導状態が生まれるのではないかという点です。

表6-1　電子、ヘリウム3、ヘリウム4の超伝導・超流動現象の発見と理論的解明をした人物（カッコ内はノーベル賞受賞年）

	フェルミ粒子		ボース粒子
	電子	ヘリウム3	ヘリウム4
実験的発見	オネス（1913）	リー、オシェロフ、リチャードソン（1996）	カピッツァ（1978）
理論的解明	バーディーン、クーパー、シュリーファー（1972）	レゲット（2003）	ランダウ（1962）

実際この問題について、精力的に研究が行われてきました。金属中の電子の場合は、背景にある原子を介して引力が生じているので、その強さを人為的に変化させることはできません。変えられるとしても、原子自体を別の同位体に置き換える程度です。ところが冷却原子では、原子間に働く力の強さを人が変えられるのです。強い引力にしたり弱い引力にしたり、あるいは斥力にしたりすることができるのです。電子による超伝導では、人が操作できる部分が少なかったので、得られた結果をそのまま受け入れるしかありませんでしたが、冷却原子の場合は、力を操作していろいろな超伝導を起こしてその性質を調べるということが可能なのです。多くの研究者の注目を浴びたのも当然のことでしょう。

まず、引力が弱い場合、フェルミ原子は対を作り、BCS理論にしたがって超伝導（原子は電気的に中性なので、先述したように電子が生み出す超伝導とは異なりますが）状態になります。では引力を強くしたらどうでしょう。原子間の引力が十分に強いと、原子がくっついてしまい、分子のような状態になります。その分子は2つのフェルミ粒子から作られている粒子なので、当然のことながらボーズ粒子に分類されます。そしてボーズ粒子である分子が、ボーズ・アインシュタイン凝縮をします。引力が弱いとBCS型の超伝導、引力が強いとボーズ・アインシュタイン凝縮がそれぞれ現れるのです。弱い引力を少しずつ強くしていくと、この2つの状態の間で徐々に移り変わりが起こっていきます。これを「BCS-BECクロスオーバー」といいます（BECとは、ボーズ・アインシュタイン凝縮を英語表記したときの頭文字です）。

この移り変わりを、クーパー対の観点から見てみましょう。先ほど説明したように、電子の超伝導の場合、電子が対を作っても2つの電子の間隔は広く、1つのクーパー対は広がっています。そのクーパー対が多数重なり合って超伝導状態を作りだしています。フェルミ原子の場合も同様で、引力が弱いときは、クーパー対が重なり合っています。ところが引力が強い場合は、ボーズ粒子となる分子を形成してボーズ・アインシュタイン凝縮します。引力を強くしていくにつれ、クーパー対は小さくなっていき、最後には分子のようになってしまうというわけです。

このBCS-BECクロスオーバーは、超伝導と超流動が親戚関係にあるということを明確に示しています。超伝導と超流動に何の関係もなければ、両者が連続的に移り変わっていくことなどできません。しかしこれまで説明したように、両者は共通する本質を持っているため、BCS-BECクロスオーバーという現象が可能になるのです。

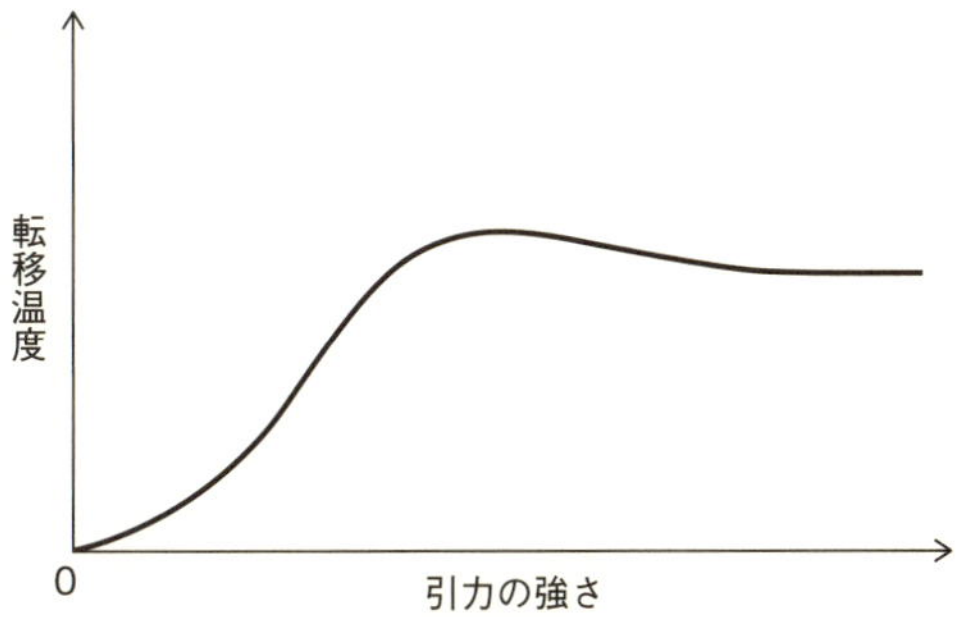

図6-11　フェルミ原子間の引力の強さを変えたとき、転移温度はどのように変わるか

一般に、粒子の間の引力が強いほど、粒子の結びつきが強くなってクーパー対が容易に壊れなくなります。つまり強い引力は、強い超伝導状態を生み出します。超伝導になる転移温度よりも高い温度では、粒子がバラバラに運動をするようになってクーパー対が壊れて超伝導が消えてしまうのですが、これはすなわち、引力が強いほど転移温度が高くなることを意味します。もちろん転移温度はそれ以外の要素にも大きく左右されますが、引力との関係性は今述べたとおりです。

金属中の電子と違って引力を操作できる冷却原子の場合、転移温度が引力の強さとともに上昇することが実験的にも確認されています。しかし一方的に上昇するかというと、そうではありません。引力がある程度強くなると、クーパー対は十分に小さくなり、クーパー対同士が重ならなくなります。そこまでくると、クーパー対を分子と呼んでもよいでしょう。つまり引力を強くしていくと、ある強さからは分子とみなせる存在となり、ボーズ・アインシュタイン凝縮をします。ボーズ・アインシュタイン凝縮する温度は、その粒子（今の場合は分子）の質量や密度で決まるものであって、分子の中の粒子を結びつける引力にはよりません。そのため、引力を弱い領域から強い領域まで上げていくと、転移温度は最初は上昇していきますが、途中からは上がらなくなるのです（図6-11）。

第7章

ミクロな世界から宇宙まで

粒子の分類による統一的理解

これまでにも述べてきたことですが、あらゆる粒子が2種類に分類されることにこだわるのは、それぞれに共通した固有の性質があるからです。実際、第6章で見たように、超伝導はフェルミ粒子であれば起こりうる現象なので、金属中の電子にかぎらず、ヘリウム3や原子でも観測されていることをお話ししました。歴史的には電子による超伝導の発見が一番古いのですが、フェルミ粒子という概念があったために、同類であるヘリウム3やフェルミ原子でも超伝導が見られるとあらかじめ予想できたのです。そうでないと、仮に低温に冷やしてヘリウム3やフェルミ原子で超伝導のような現象が観測されても、ただちにそれが電子による超伝導と本質的に同じものであるとは気づけなかったかもしれません。

いずれにしても、すでに私たちはボーズ粒子とフェルミ粒子のそれぞれに特徴的な現象のことを知っています。その知識を生かすと、さらに広い範囲で新たな可能性が見えてきます。この章では、基本的な超流動や超伝導の知識を生かして、「こんなところにも超流動！」「あんなところにも超伝導！」と思えるような現象を、ご紹介していきます。

波と思っていたのに……

粒子と波の二重性については、繰り返しお話ししてきました。最初に光の例を出し、波と思っていたのに実は粒子としての性質もあるということが20世紀になってはっきりしたことを説明しました。それに続き、粒子と思っていたものが（身の回りのすべてのものがそうですが）じつは波としての性質も持っているということが明らかになり、そこから量子力学が発展したこともお話ししました。

本書のここまでの説明では、電子や原子など、「粒子に見えるけれど波の性質もあります」というようなものを対象に、超伝導や超流動の解説をしてきました。そしてその逆についてはあまり取り上げてきませんでした。そこでここでは、「波に見えるけれど粒子としての性質もあります」というようなものについて、いくつかの例を取り上げることにします。

音波＝フォノン

みなさんは波と聞いて、最初に何を思い浮かべるでしょうか。多くの人が、海の波など、水を媒体とした波を想像するのではないでしょうか。あるいは、ロープやバイオリンの弦など、細い糸状のものが振動する波がすぐに頭に浮かんだ人もいると思います。ほかに何があるでしょうか。身近な波としては、音波がありますね。音は、空気が振動することで生じる波です。しかし振動するのは空気にかぎりません。水の中でも音は聞こえるので、水が振動しても音波であると

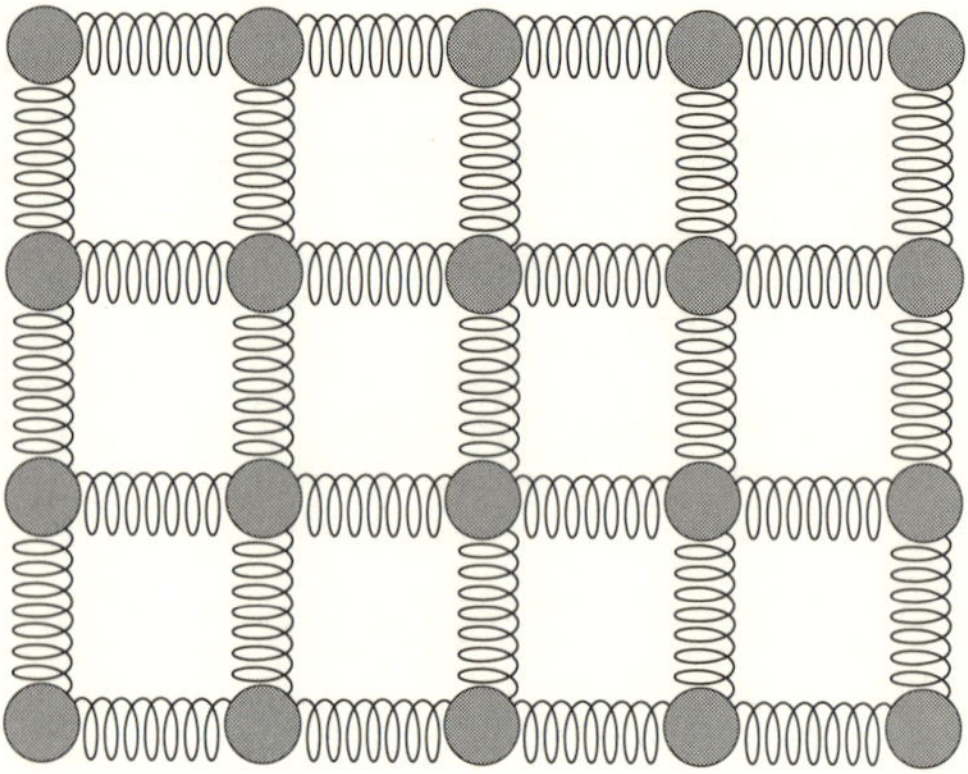

図7-1　金属中の原子がばねでつながれていると考えると、規則正しく並ぶ性質が理解しやすい

いえますし、机を叩いたら音がしますが、それは机が振動して音を発生させているので、固体などの物質が振動した状態も音波です。以下では、波の一例として、固体が振動した場合を考えていきましょう。

　結晶は原子が規則正しく並んだものだということはすでに説明済みですね。規則正しく並ぶのは、そのほうが原子にとって安定しているからです。何かの理由で、1つの原子が配列からずれると、その原子はまた元の安定な位置に戻ろうとします。実際には原子間に働く力によって引き戻されるわけですが、これをばねによる力に見立てて議論することがよくあります。図7-1の模式的な絵を見てください。原子同士がばねでつながれているので、原子が少々ずれても元の位置に戻ります。このように目に見える形でばねを描くと、原子の運動が理解しやすくなりますが、これは決して非専門家にわかりやすく説明するおもちゃではなく、研究者もこのばねを使ったモデルで原子振動を理論解析することがよくあります。

図7-1の結晶を、右から手で叩いたらどうなるでしょう。最初に右端に並んだ原子が振動しますが、その振動がばねを伝って、左側の原子に順番に伝搬していきますね。これが固体を伝わる音波です。つまり固体あるいは結晶中では、音波の実体は原子の振動なのです。

ここまでは、古典的な音波の見方です。私たちは量子力学的な見方をすでに知っているので、「波というからには粒子としての性質もある」と考えなければなりません。粒子と波の二重性により、音波には粒子としての姿もあるのです。この不思議な粒子には名前が付けられており、「フォノン」といいます。

ところで、原子の運動の話から、何か思い出すことがありませんか。超伝導のBCS理論を説明しているとき、電子の間に引力が働くのは、背景に原子が存在しているからでしたね。マイナスの電気を持った電子に、プラスの電気を持った原子が引き寄せられることで、次の電子が近づいてくるという話でした。すなわち電子間の引力には、原子の運動（振動も運動のひとつです）が関与していました。ということは、電子間の引力には原子による音波が関与しているという言い方もできます。さらに表現を変えれば、電子間の引力はフォノンが引き起こしているのです。

記憶力のよい人は、第1章で説明したことを思い出すかもしれません。身の回りの粒子の話をしているとき、力は粒子が生み出しているという話をしました。そうです、まさにフォノンは、電子間の引力という力を生み出しているではありませんか！

さらに記憶力のよい人は、第3章で説明したこととして、力を媒介する粒子はボーズ粒子に分類されるということを思い出したかもしれません。ということは、フォノンはボーズ粒子のはずです。これまでは粒子の姿をイメージすることの多い電子や原子の分類について話を進めてきましたが、ここに来て、波としての姿をイメージすることの多い音波が、粒子の分類法に基づくとボーズ粒子であることがわかったのです。意外なところにボーズ粒子が潜んでいました。

スピン波＝マグノン

もうひとつ、波のようであるけれども粒子としての性質を持つものを紹介します。第3章でスピンを説明したことを覚えているでしょうか。ミニ磁石のようなもので、いろいろな粒子がこのスピンを持っています。そして私たちが磁石として知っている物体は、原子のスピン（ミニ磁石）が一方向にそろっているために、物体全体として強い磁気を帯びているのです。

図7－2の上の図は、そのようなそろったスピンを描いています。結晶中の原子が徐々にその規則正しい配列からずれていくことが音波でした。同様に、規則正しくそろったスピンが、徐々に向きを変えたものも、波と呼ぶことができるでしょう。図7－2の下の図が、その状態を表し

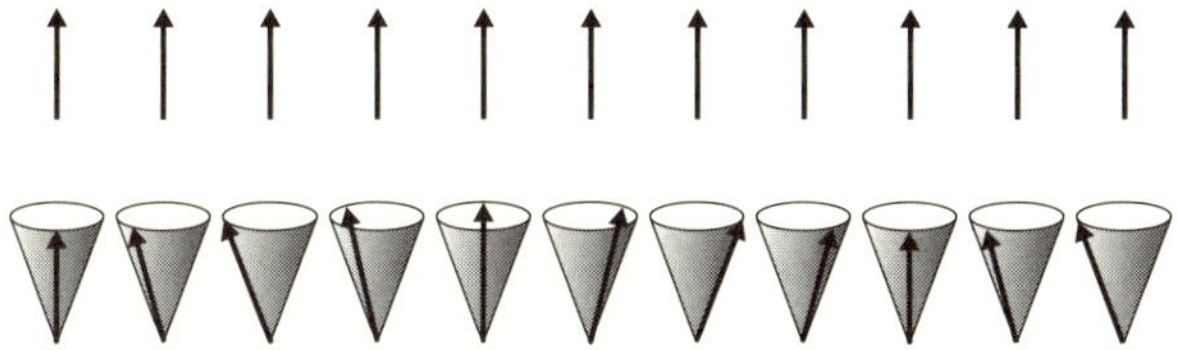

図7-2　（上）スピンが一方向に並んだ状態、（下）スピンの向きが徐々に変化した状態

ています。原子の波は音波でしたが、スピンの波は「スピン波」と呼ばれます。実際さまざまな物質の中でスピン波は観測されています。

さあここでも出てきました。波です。ということは、いうまでもありませんね。波は粒子でもあるので、スピン波は粒子の性質も併せ持っているはずです。この粒子のことを「マグノン」といいます。磁石を意味する英語のマグネットからきた名前です。

パラマグノンによるヘリウム3の超伝導

フォノンが電子に引力を生じさせ、結果的に超伝導まで引き起こしていたので、もしかしてマグノンも？　と思われるかもしれません。その予感は大正解です。第6章で、ヘリウム3の超伝導の話をしたとき、ヘリウム3の原子間に働く引力がどこから来るものなのか説明を保留していましたが、それがまさしくマグノンなのです。フォノンにより電子の超伝導が発生し、マグノンによりヘリウム3の超伝導が生じているのです。

なお、正確を期すならば、ヘリウム3の引力の起源はマグノンではなくパラマグノンです。マグノンは図7-2にあるような、きれいに並んだスピンが徐々に変化して波打ったものです。しかし温度が高くなると、そもそもスピンはきれいに並ぶことができなくなります。熱をもらってバラバラの方向を向くようになるからです。ところが、本来スピンはそろった方向に並びたい性質があるからこそ、低温では同じ方向を向いているのです。スピンが互いに同じ方向を向きたがる性質自体は温度が上がっても変わりません。したがって、高温では全体としてスピン配列は乱れてしまいますが、すぐ近くのスピン同士は同じ方向を向きたがる傾向があるので、一部分でスピンがそろうことがあります。つまり図7-2の上の図のような状態が、狭い範囲でのみ現れることがあるのです。となれば、図7-2の下の図のスピン波も、狭い範囲でだけ発生する可能性があります。この小さいスピン波の粒子としての性質に着目して名付けられたのが「パラマグノン」です。

マグノンもパラマグノンも、力を媒介することができる粒子であり、フォノン同様、ボーズ粒子です。ここでもまたひとつ、ボーズ粒子が見つかりましたね。

光子のボーズ・アインシュタイン凝縮

力を媒介する粒子として、これまで光子、フォノン、マグノン等を紹介してきました。これらはボーズ粒子に分類されます。ということは、ボーズ・アインシュタイン凝縮するはずです。ただし、すでにお話ししてきたケースと、やや異なる点があります。
普通のボーズ・アインシュタイン凝縮（つまり原子などのボーズ粒子が凝縮する場合）は、低温にまで冷やしてそれぞれのボーズ粒子が熱で暴れないようにすることで、どれもがおとなしく1つの状態を取るようになっていました。では、同じことを光子、フォノン、マグノンで行ったらどうなるでしょう。

物質を構成する粒子と力を媒介する粒子には、決定的な違いがあります。物質を構成する粒子は、自然発生したり消え去ったりしません。もちろん相対性理論によれば、質量はエネルギーと等価であり、粒子が消失してエネルギーに変わることは可能ですが、その場合を除けば粒子の数が変わることはありません。しかし力を媒介する粒子は、そもそも質量を持ちませんし、自由に発生し、消失することができます。電子を壁に向かって投げつけると、壁の中に電子が入り込み、どこかにとどまるはずですが、光（光子の集まり）を壁に当てると、その光子が持っていたエネルギーが壁を構成する原子に吸収され、光子自体は消失します。

このように、力を媒介する粒子は、一粒一粒がエネルギーを持っていて、温度を高くしていくと熱エネルギーに応じた数の粒子が発生しますが、温度を下げていくと、粒子の数を減らすことでエネルギーが下がっていきます。すなわち、ボーズ・アインシュタイン凝縮させようと温度を下げるだけでは、光子、フォノン、マグノンなどは、ボーズ・アインシュタイン凝縮する前に消えてなくなってしまうのです。

この問題を解決するには、温度を下げるのをあきらめることです。ではどうすればボーズ・アインシュタイン凝縮させることができるでしょう。そのヒントは、第5章にあります。第5章では、原子を冷やしてボーズ・アインシュタイン凝縮させる難しさをお話ししました。凝縮が起こる温度は粒子の質量や密度によって異なり、重い粒子ほど、そして密度が小さいほど、温度を低くしないとボーズ・アインシュタイン凝縮が起きないという話でした。逆にいえば、密度が高ければ、高い温度でもボーズ・アインシュタイン凝縮を起こすことになります。つまり無理に冷やす必要がないのです！

原子の場合は、高密度になると原子同士に働く力がいろいろな影響を及ぼすようになるので低密度にせざるをえませんでしたが、光子間には力が働かないため、密度を上げても支障がありません。しかも高い温度でボーズ・アインシュタイン凝縮するので、先ほど説明したような粒子消失の危機もありません。光子をギューギューに押し込めて密度を高めれば、冷やさなくてもボーズ・アインシュタイン凝縮できそうです。

光子のボーズ・アインシュタイン凝縮を観測する装置では、実際ははるかに複雑なことをしているのですが、簡単にいうならば、2枚の鏡を向かい合わせに置き、その間に光を入れています。光は鏡の間で永遠に反射し続けるので、鏡の間に光子が閉じ込められたことになります。このようにして鏡の間に大量の光子を閉じ込めていくと、密度が上がり、そのままの温度でボーズ・アインシュタイン凝縮するようになるのです。

中性子星

最後に、壮大な話をしましょう。陽子や中性子はクォークが3つ集まってできた粒子でしたね。クォークは物質を構成する素粒子であり、フェルミ粒子です。したがって奇数個のフェルミ粒子から構成された陽子や中性子も、フェルミ粒子です。ということは、陽子や中性子に引力が作用すると、超伝導のような現象が見られるのではないでしょうか。

じつは、超伝導を説明するBCS理論が発表された直後に、同じメカニズムが中性子にも適用され、中性子の集合体である中性子星の内部では超流動が起きているのではないかという指摘がされました。

この話をする前に、まずは中性子星の説明が必要です。太陽のような自ら燃えている星を恒星といいますが、恒星がどのような結末を迎えるかは、星の質量によって異なります。非常に質量の大きな恒星は、その一生の最後に超新星爆発と呼ばれる爆発を起こすのですが、そのとき星の中心の核部分が爆発の威力で圧縮され、小さいけれどもとてつもない重量の星が新たにできあがります。それが中性子星です（核部分の質量がある限界値よりも大きいと、中性子星ではなくブ

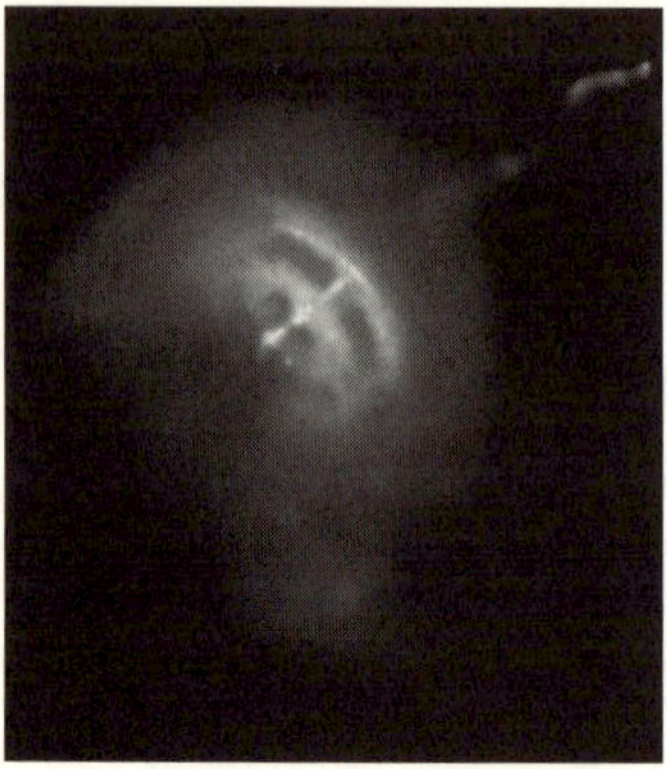

帆《ほ》座にある中性子星。ガスに覆われて見ることができないが、内部に中性子星が存在している

ラックホールになります)。

ちなみに超新星爆発は頻繁に起きるものではないので観測も容易ではありませんが、１９８７年に銀河系の外側にある大マゼラン雲で超新星爆発が起き、そのとき放出されたニュートリノ（素粒子の一種）が地球に到達しました。これを観測したのが日本の観測装置カミオカンデであり、その成果によって観測チームを率いた小柴昌俊博士（１９２６〜）にノーベル物理学賞が授与されたのです。

中性子星内部の超伝導

中性子星はその名の通り、おもに中性子でできています。直径10〜20キロメートルほどしかないのに、質量は太陽程度もあり、星の表面の重力は地球の数千億倍もあります。狭いところに大量の中性子が押し込められているので、光子の議論で出てきた「高密度であれば高温でもボーズ・アインシュタイン凝縮が起きる」という話が使えそうです。ただし問題は、中性子がフェルミ粒子だという点です。そのままではボーズ・アインシュタイン凝縮を起こしません。電子の超伝導と同じく、中性子の間に引力が働けば、対を形成して超伝導状態になる可能性があります。では、中性子には引力は働くのでしょうか。

これに対する答えは、原子核という存在を見れば明らかです。そもそも原子核には陽子と中性子が入っていますが、これらの粒子はなぜ原子核としてまとまっていられるのでしょう。とくに陽子などはプラスの電気を持っているので、普通に考えれば反発力が働いて、すぐにバラバラになりそうなものです。原子核というひとかたまりになっているということ自体が、陽子や中性子には引力が働いているという証拠です。

小柴昌俊

この引力は「強い力」と呼ばれています。強い力というと、一般的な言葉のようにも聞こえますが、これでひとつの固有名詞です。この強い力を生み出す粒子（力は粒子が媒介して生じているのでしたね）が、パイ中間子と呼ばれ

湯川秀樹

る粒子です。ちなみにパイ中間子の存在は、実験で観測される前に理論的に予言されており、その予言をしたのが湯川秀樹博士（1907〜1981）です。湯川秀樹博士はこの業績で日本最初のノーベル物理学賞受賞者となりました。なお、パイ中間子の正体は2つのクオークがグルーオンと呼ばれるボーズ粒子で結びついたものであり、その意味で、強い力はグルーオンが生み出すと今日では考えられています。

強い力によって、中性子星内部の中性子は互いに引き合い、クーパー対を形成します。ここまで来れば、その後のシナリオは電子やヘリウム3の超伝導と同じようなものです。クーパー対がボーズ・アインシュタイン凝縮して超伝導状態となるのです（第6章で注意しましたが、電荷を持たないフェルミ粒子がクーパー対を作って超伝導状態になったものは、一般には超流動と呼ばれていますが、本書では粒子が個々に凝縮して現れる現象を超流動、粒子が2個ずつ対を作って凝縮して現れる現象を超伝導と呼ぶことにしています）。

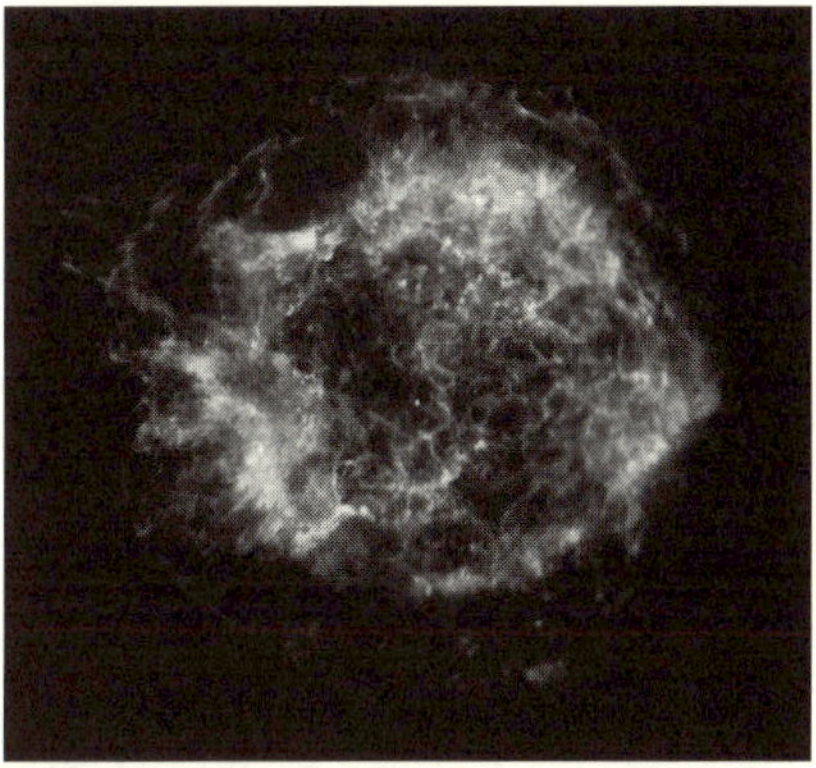

NASAの衛星チャンドラがとらえたカシオペア座A。中心にある中性子星の内部が超伝導状態になっていると考えられている

本書では、世の中の粒子は2種類に分けることができ、それぞれに固有の性質や現象があることをお話ししてきました。しかもその現象は、原子レベルのミクロな世界から、宇宙の星に至るまで、幅広く見られる普遍性を持っていることがおわかりいただけたかと思います。

何となくイメージとして、相対性理論は天体のような大きなスケールのものに影響があり、量子力学はミクロな世界に影響のある理論だと思われがちですが、必ずしもそうではありません。たとえばミクロな世界の登場人物であるスピンには、相対性理論が深く関わっています。逆に本章の最後で紹介したような中性子星には、量子力学の概念から生まれた超伝導が生じています。ヘリウムの超流動現象も、容器に入れた液体ヘリウムが自然に外に出てくるなど、十分に目に見えるスケールでの量子現象です。

もちろん一般的には、量子力学から導かれる結果はミクロな世界で当てはまるものの、目に見えるスケールでは成り立たないことがほとんどです。なぜ大きなスケールでは量子力学がそのまま適用できないのかは、昔からの難問であり、現在でも研究が進められている課題です。その中で、超伝導や超流動は数少ない例外であり、目で見て楽しめる貴重な量子現象です。そしてその根幹にはボーズ粒子とフェルミ粒子という分類が重要な役割を果たしているのです。読者のみなさんに、この分類がいかに物理学の理解を整理する上で欠かせない概念であるかを感じ取っていただければ、本書の目的は達成されたかもしれません。

おわりに

このところ、物理学科に入学したての新入生に話を聞く機会がよくあります。物理学科を選んだ動機を尋ねると、高校や塾の物理の先生がおもしろかったなどの理由とともに、本、雑誌、テレビ番組などで宇宙や相対性理論、ミクロな量子の世界などを知り、さらに深く知りたくなったという話をよく聞きます。

思い返してみれば私自身、中学や高校の頃に物理に関する一般向け書籍（といっても当時はこのブルーバックスシリーズくらいしかありませんでしたが）を読んで、物理学のおもしろさや不思議さを疑似体験したものでした。ところが大学に入ると、そのような本で取り上げられるおもしろい内容に到達するまでには地道な勉強が待っていることを思い知らされます。しかし精緻な理論の積み重ねを知った後では、かつておぼろげに感じ取っていた物理の美しさが、いっそう具体的に見えてきます。山の頂上から見る景色は写真でもきれいですが、自分の足でその山を登り、頂上に到達して実際に眺めると、景色の美しさは格別なものになるでしょう。物理学も、しっかりと勉強して、さらに研究をするようになると、本当の美しさが見えてきます。きれいな風景の写真があれば、それを見て満足する人もいるでしょうし、実際にそこへ行こうと思う人も出てきます。同じように、物理学の一端をわかりやすく説明する本があることで、物理の美しさを一人でも多くの人が知ることとなり、さらにその一部からは物理学の世界に進もうと思う人も現れるでしょう。

一方、最近は、教員よりも高齢の方が大学や大学院に入るケースも増えています。私の研究室でも、60歳以上の大学院生をこれまで2人研究指導したことがあります。物理を研究したいという強い意志から、入学試験を受け、見事合格して入ってきた方たちです。おそらくその方たちも、物理に関する一般向け書籍を読んできたことと思います。

また、市民講座のような企画をしている大学も数多くあります。私も講義を担当したことがありますが、出席者はほとんどが高齢の方々です。日頃から科学に興味を持っていろいろな情報を仕入れているからこそ、そのような講座に来ておられるのだと思います。

このように、科学の専門的な内容を非専門家の方に説明することは、今では研究者の義務と考えられています。研究費を受け取って研究している者にとっての社会還元です。ところが専門的な内容を、わかりやすく、しかもできるかぎり正確に伝えることは、実際には容易ではありません。本書のような物理学の啓蒙書はたくさんあり、「数式をできるかぎり使わない」というのはお決まりのフレーズになっており、この暗黙のルールを守るために著者の方々は一様に苦労されているると思います。物理学は数学をベースとしているので、数式を使った方が簡単に説明できる場合がよくあり、数式を使わないというのは専門家にとってなかなか高いハードルです。

このような本を書く上でもうひとつ難しい点があります。物理学は積み重ねの学問なので、先端の話を説明するには、そこに至るまでの経路をある程度解説せざるをえません。おいしいところだけをつまみ食いすることができず、読者の方と一緒に皮をむきながら進んでいき、それでようやく果実に行き当たるのです。新聞報道などを見ていると、その点で苦労していると見受けられることがよくあります。紙面のスペースに制約があるため、途中の説明をすべて飛ばして、核心部分しか説明できず、「それでは発見の意義が十分に伝わらないだろうなあ」と思うこともしばしばです。幸い書籍はある程度のページ数があるので、目的地に到達するまでの道のりも説明できます。逆にいえば、それだけの説明を要することから、読者の方に果実を味わってもらうまで辛抱をしていただくことも多く、もどかしく感じることもあります。

本書では、あらゆる粒子がボーズ粒子とフェルミ粒子に分類できることをお話ししました。そして、それぞれに特有の性質があり、通常はミクロな世界でしか観測できない量子現象が、目に見えるような現象（超流動と超伝導）として現れることをご紹介しました。この説明をするために、粒子と波の二重性の話や、その波を表す波動関数の説明なども出てきました。つまり本書は、粒子の分類が目的でしたが、そこに至るまでに量子力学の基礎知識も説明する必要に駆られたわけです。一方で、量子力学の解説が目的ではないため、量子力学を説明するならあれも書かなくては、これも書かなくては、となるところを、ぐっと抑えて、目的地に到達する最短ルートで説明を進めてきました。そのため量子力学の概要を本書だけから得ようとしても、中途半端であるといわざるをえません。興味を持たれた方は、ぜひ類書をいろいろ読んでいただければと思います。どのような形にせよ、どなたかの背中を押し、また次の一冊を手に取るきっかけとなれば本書の役目は十分に果たせたといえるでしょう。

本書ではところどころで、「割愛します」「省略します」と、説明から逃げた部分がありました。たとえば粒子の分類とスピンの大きさとの関係（第3章）、冷却原子の引力をどのように人工的に操作するのか（第6章）、などの点です。これらは、スペースが足りないから説明しきれないというよりも、この説明にはさらに多くの専門的な予備知識が必要となるために、説明を回避しています。残念ながら、専門知識抜きにおおざっぱな説明をすることが困難な項目ばかりです。大学の講義でも取り上げない、大学院レベルの知識です。もやもやした気持ちが解消されない点についてはお詫び申し上げますが、それ以外のところについては極力予備知識を要求せずに説明することに心がけたつもりです。

最後になりましたが、講談社の家中信幸さんには、原稿を丹念に読んでいただき、わかりにくい記述などのご指摘をいただきました。この修正により、読者の理解が明らかに容易になった箇所もたくさんあります。この場を借りてお礼を申し上げます。

[P182] Electric Oven. Photo by Thatonewikiguy. CC BY-SA 4.0 (https://creativecommons.org/licenses/by-sa/4.0/)

[P191左] Johannes Georg Bednorz. D-PHYS/Heidi Hostettler. CC BY 2.0 (https://creativecommons.org/licenses/by/2.0/)

[P191右] Karl Alexander Müller. Photo by Ibmzrl. CC BY 3.0 (https://creativecommons.org/licenses/by/3.0/)

[P197左] David Lee. Science Photo Library/アフロ

[P197右] Robert Richardson. Science Photo Library/アフロ

[P198] Anthony Leggett. Science Photo Library/アフロ

第7章

[P214] Vela Pulsar. NASA/CXC/PSU/G.Pavlov et al.

[P215] 小柴昌俊. Science Photo Library/アフロ

[P217] Cassiopeia A. NASA/CXC/MIT/UMass Amherst/M.D. Stage et al.

[P141] 図5-4. S. Du et al.: Phys. Rev. A 70, 053606(2004)

[P144下] 図5-5 M.R. Andrews et al.: Science 275, 637(1997)

[P146] CHRISTIAN AAS / UNIVERSITY OF QUEENSLAND

[P149] Photo by UNIVERSITY OF QUEENSLAND. CC BY-SA 3.0 (https://creativecommons.org/licenses/by-sa/3.0/)

[P151] Unglazed Ewer. https://www.metmuseum.org/art/collection/search/449446

[P154] The liquid helium is in the superfluid phase. Photo by AlfredLeitner.

[P155] A small cup of coffee. Photo by Julius Schorzman. CC BY-SA 2.0 (https://creativecommons.org/licenses/by-sa/2.0/)

[P159] Lev Landau. Photo by D. Gai.

[P161] Richard Feynman. Science Photo Library/アフロ

第6章

[P167] Kamerlingh Onnes. Museum Boerhaave.

[P168] The first measurements on superconductivity. Originally published in KAWA, December 30, 1911.

[P173中央] Leon Cooper. Science Photo Library/アフロ

[P173右] John Robert Schrieffer. National Archives of the Netherlands. CC BY-SA 3.0 nl (https://creativecommons.org/licenses/by-sa/3.0/nl/)

[P52] Louis de Broglie. http://www.physics.umd.edu/courses/Phys420/Spring2002/Parra_Spring2002/HTMPages/whoswho.htm

[P56] 図2-5. A. Tonomura et al.: Am. J. Phys. 57, 117(1989)

第4章

[P107] Satyendra Nath Bose. https://www.siliconeer.com/past_issues/2000/august2000.html

[P113] Bose's letter of 4 June 1924 to Einstein. Satyendra Nath Bose National Centre for Basic Sciences.

[P116] Enrico Fermi. National Archives and Records Administration.

[P117] Wolfgang Pauli. CERN.

[P121] Paul Dirac. University of Cambridge, Cavendish Laboratory.

第5章

[P137左] Steven Chu. United States Department of Energy.

[P137中央] Claude Cohen-Tannoudji. Science Photo Library/アフロ

[P137右] William Daniel Phillips. Science Photo Library/アフロ

[P140左] Eric Cornell. ロイター/アフロ

[P140中央] Carl Wieman. Science Photo Library/アフロ

[P140右] Wolfgang Ketterle. Photo by Kzirkel. CC BY-SA 3.0 (https://creativecommons.org/licenses/by-sa/3.0/)

図・画像クレジット

第1章

[P21] John Dalton. From: Arthur Schuster & Arthur E. Shipley: Britain's Heritage of Science. London, 1917. Based on a painting by B.R. Faulkner.

[P22右] Robert Brown. Line engraving by C. Fox, 1837, after H. W. Pickersgill. Credit: Wellcome Collection (https://wellcomecollection.org/works/ym7n59rq). CC BY 4.0 (https://creativecommons.org/licenses/by/4.0)

[P22左] Albert Einstein. Photo by Doris Ulmann.

第2章

[P37] Shadow of Hand on Beach. Photo by Örjan Lindén. CC BY 3.0 (https://creativecommons.org/licenses/by/3.0)

[P38] The Blue Lagoon, Abereiddy, Pembrokeshire, Wales. Photo by Verbcatcher. CC BY-SA 4.0 (https://creativecommons.org/licenses/by-sa/4.0)

[P40] Christiaan Huygens. Practical Physics, Millikan and Gale, 1920, scanned by B. Crowell.

[P42左] Isaac Newton. Painting by Sir Godfrey Kneller.

[P42右] Opticks. Isaac Newton Institute for Mathematical Sciences, University of Cambridge.

[P43] Thomas Young. After a portrait by Sir Thomas Lawrence. From: Arthur Schuster & Arthur E. Shipley: Britain's Heritage of Science. London, 1917.

さくいん

〈人名〉

〈数字・アルファベット〉

N.D.C.420　231p　18cm

ブルーバックス　B-2096

2つの粒子《りゅうし》で世界《せかい》がわかる

量子力学から見た物質と力

2019年 5 月20日　第 1 刷発行
2019年10月 7 日　第 2 刷発行

著者　森《もり》　弘之《ひろゆき》
発行者　渡瀬昌彦
発行所　株式会社講談社
〒112-8001　東京都文京区音羽2-12-21
電話　出版　03-5395-3524
販売　03-5395-4415
業務　03-5395-3615
印刷所　(本文印刷) 豊国印刷株式会社
(カバー表紙印刷) 信毎書籍印刷株式会社
本文データ制作　ブルーバックス
製本所　株式会社国宝社

定価はカバーに表示してあります。

ISBN978－4－06－516041－1

発刊のことば

科学をあなたのポケットに

二十世紀最大の特色は、それが科学時代であるということです。科学は日に日に進歩を続け、止まるところを知りません。ひと昔前の夢物語もどんどん現実化しており、今やわれわれの生活のすべてが、科学によってゆり動かされているといっても過言ではないでしょう。

そのような背景を考えれば、学者や学生はもちろん、産業人も、セールスマンも、ジャーナリストも、家庭の主婦も、みんなが科学を知らなければ、時代の流れに逆らうことになるでしょう。

ブルーバックス発刊の意義と必然性はそこにあります。このシリーズは、読む人に科学的に物を考える習慣と、科学的に物を見る目を養っていただくことを最大の目標にしています。そのためには、単に原理や法則の解説に終始するのではなくて、政治や経済など、社会科学や人文科学にも関連させて、広い視野から問題を追究していきます。科学はむずかしいという先入観を改める表現と構成、それも類書にないブルーバックスの特色であると信じます。

一九六三年九月　　野間省一

ブルーバックス　物理学関係書（I）

79 相対性理論の世界　J・A・コールマン　中村誠太郎＝訳
563 電磁波とはなにか　後藤尚久
584 10歳からの相対性理論　都筑卓司
733 紙ヒコーキで知る飛行の原理　小林昭夫
911 電気とはなにか　室岡義広
920 イオンが好きになる本　米山正信
1012 量子力学が語る世界像　和田純夫
1084 図解　わかる電子回路　加藤　肇／見城尚志／高橋　久
1128 原子爆弾　山田克哉
1150 音のなんでも小事典　日本音響学会＝編
1174 消えた反物質　小林　誠
1205 クォーク　第2版　南部陽一郎
1251 心は量子で語れるか　ロジャー・ペンローズ／A・シモニー／N・カートライト／S・ホーキング　中村和幸＝訳
1259 光と電気のからくり　山田克哉
1310 「場」とはなんだろう　竹内　薫
1324 いやでも物理が面白くなる　志村史夫
1375 実践　量子化学入門　CD-ROM付　平山令明
1380 四次元の世界（新装版）　都筑卓司
1383 高校数学でわかるマクスウェル方程式　竹内　淳
1384 マックスウェルの悪魔（新装版）　都筑卓司

1385 不確定性原理（新装版）　都筑卓司
1390 熱とはなんだろう　竹内　薫
1391 ミトコンドリア・ミステリー　林　純一
1394 ニュートリノ天体物理学入門　小柴昌俊
1415 量子力学のからくり　山田克哉
1444 超ひも理論とはなにか　竹内　薫
1452 流れのふしぎ　石綿良三／根本光正＝著　日本機械学会＝編
1469 量子コンピュータ　竹内繁樹
1470 高校数学でわかるシュレディンガー方程式　竹内　淳
1483 新しい物性物理　伊達宗行
1487 ホーキング　虚時間の宇宙　竹内　薫
1509 新しい高校物理の教科書　山本明利／左巻健男＝編著
1569 電磁気学のABC（新装版）　福島　肇
1583 熱力学で理解する化学反応のしくみ　平山令明
1605 マンガ　物理に強くなる　関口知彦＝原作　鈴木みそ＝漫画
1620 高校数学でわかるボルツマンの原理　竹内　淳
1638 プリンキピアを読む　和田純夫
1642 新・物理学事典　大槻義彦／大場一郎＝編
1648 量子テレポーテーション　古澤　明
1657 高校数学でわかるフーリエ変換　竹内　淳
1663 物理学天才列伝（上）　ウィリアム・H・クロッパー　水谷　淳＝訳

ブルーバックス　物理学関係書（II）

1664 物理学天才列伝（下）　ウィリアム・H・クロッパー　水谷 淳＝訳
1675 量子重力理論とはなにか　竹内 薫
1697 インフレーション宇宙論　佐藤勝彦
1701 光と色彩の科学　齋藤勝裕
1715 量子もつれとは何か　古澤 明
1716 「余剰次元」と逆二乗則の破れ　村田次郎
1720 傑作！　物理パズル50　ポール・G・ヒューイット＝作　松森靖夫＝編訳
1728 ゼロからわかるブラックホール　大須賀 健
1731 宇宙は本当にひとつなのか　村山 斉
1738 物理数学の直観的方法（普及版）　長沼伸一郎
1750 知っておきたい物理の疑問55　日本物理学会＝編
1776 現代素粒子物語（高エネルギー加速器研究機構）＝協力　中嶋 彰／KEK
1780 オリンピックに勝つ物理学　望月 修
1798 ヒッグス粒子の発見　イアン・サンプル　上原昌子＝訳
1799 宇宙になぜ我々が存在するのか　村山 斉
1803 高校数学でわかる相対性理論　竹内 淳
1809 物理がわかる実例計算101選　クリフォード・スワルツ　園田英徳＝訳
1815 大人のための高校物理復習帳　桑子 研
1827 大栗先生の超弦理論入門　大栗博司
1832 マンガ　はじめまして　ファインマン先生　ジム・オッタヴィアニ＝原作　リーランド・マイリック＝漫画　大貫昌子＝訳

1836 真空のからくり　山田克哉
1848 今さら聞けない科学の常識3　聞くなら今でしょ！　朝日新聞科学医療部＝編
1852 物理のアタマで考えよう！　ジョー・ヘルマンス　ウィープケ・ドレンカン＝絵　村岡克紀＝訳・解説
1856 量子的世界像　101の新知識　ケネス・フォード　青木 薫＝監訳　塩原通緒＝訳
1860 発展コラム式　中学理科の教科書　改訂版　物理・化学編　滝川洋二＝編
1867 高校数学でわかる流体力学　竹内 淳
1871 アンテナの仕組み　小暮裕明　小暮芳江
1894 エントロピーをめぐる冒険　鈴木 炎
1899 エネルギーとはなにか　ロジャー・G・ニュートン　東辻千枝子＝訳
1905 あっと驚く科学の数字　数から科学を読む研究会
1912 マンガ　おはなし物理学史　小山慶太＝原作　佐々木ケン＝漫画
1924 謎解き・津波と波浪の物理　保坂直紀
1930 光と重力　ニュートンとアインシュタインが考えたこと　小山慶太
1932 天野先生の「青色LEDの世界」　天野 浩／福田大展
1937 輪廻する宇宙　横山順一
1939 灯台の光はなぜ遠くまで届くのか　テレサ・レヴィット　岡田好恵
1940 すごいぞ！　身のまわりの表面科学　日本表面科学会

ブルーバックス　物理学関係書（III）

1960 超対称性理論とは何か　小林富雄
1961 曲線の秘密　松下泰雄
1970 高校数学でわかる光とレンズ　竹内　淳
1975 マンガ現代物理学を築いた巨人　ニールス・ボーアの量子論　ジム・オッタヴィアニ＝原作　リーランド・パーヴィス＝漫画　今枝麻子／園田英徳＝訳
1981 宇宙は「もつれ」でできている　ルイーザ・ギルダー　山田克哉＝監訳　窪田恭子＝訳
1982 光と電磁気　ファラデーとマクスウェルが考えたこと　小山慶太
1983 重力波とはなにか　安東正樹
1986 ひとりで学べる電磁気学　中山正敏
2019 時空のからくり　山田克哉
2031 時間とはなんだろう　松浦　壮
2032 佐藤文隆先生の量子論　佐藤文隆
2040 ペンローズのねじれた四次元　増補新版　竹内　薫
2048 $E=mc^2$ のからくり　山田克哉
2056 新しい1キログラムの測り方　臼田　孝

ブルーバックス　宇宙・天文関係書

1394 ニュートリノ天体物理学入門　小柴昌俊
1487 ホーキング　虚時間の宇宙　竹内 薫
1510 新しい高校地学の教科書　杵島正洋／松本直記／左巻健男＝編著
1667 太陽系シミュレーター　Windows7／Vista対応版　DVD-ROM付　SSSP＝編
1697 インフレーション宇宙論　佐藤勝彦
1728 ゼロからわかるブラックホール　大須賀 健
1731 宇宙は本当にひとつなのか　村山 斉
1745 4次元デジタル宇宙紀行　Mitaka　DVD-ROM付　小久保英一郎＝監修　ビバマンボ
1762 完全図解　宇宙手帳（宇宙航空研究開発機構）　渡辺勝巳／JAXA＝協力
1775 地球外生命　9の論点　立花 隆／佐藤勝彦ほか　自然科学研究機構＝編
1799 宇宙になぜ我々が存在するのか　村山 斉
1806 新・天文学事典　谷口義明＝監修
1848 今さら聞けない科学の常識3　聞くなら今でしょ！　朝日新聞科学医療部＝編
1857 宇宙最大の爆発天体　ガンマ線バースト　村上敏夫
1861 発展コラム式　中学理科の教科書　改訂版　生物・地球・宇宙編　石渡正志　滝川洋二＝編
1862 天体衝突　松井孝典
1878 世界はなぜ月をめざすのか　佐伯和人
1887 小惑星探査機「はやぶさ2」の大挑戦　山根一眞
1905 あっと驚く科学の数字　数から科学を読む研究会
1937 輪廻する宇宙　横山順一
1961 曲線の秘密　松下泰雄
1971 へんな星たち　鳴沢真也
1981 宇宙は「もつれ」でできている　ルイーザ・ギルダー　山田克哉＝監訳　窪田恭子＝訳
2006 宇宙に「終わり」はあるのか　吉田伸夫
2011 巨大ブラックホールの謎　本間希樹
2027 重力波で見える宇宙のはじまり　ピエール・ビネトリュイ　安東正樹＝監訳　岡田好恵＝訳